消防设施操作员

（初级）

国家消防救援局　组织编写

中国人力资源和社会保障出版集团

中国劳动社会保障出版社　中国人事出版社

图书在版编目（CIP）数据

消防设施操作员：初级 / 国家消防救援局组织编写. -- 北京：中国劳动社会保障出版社：中国人事出版社，2023

国家职业资格培训教材

ISBN 978-7-5167-5735-2

Ⅰ. ①消… Ⅱ. ①国… Ⅲ. ①建筑物-消防-职业技能-鉴定-教材 Ⅳ. ①TU998.1

中国国家版本馆 CIP 数据核字（2023）第 035576 号

中国劳动社会保障出版社
中 国 人 事 出 版 社 **出版发行**

（北京市惠新东街 1 号 邮政编码：100029）

*

三河市华骏印务包装有限公司印刷装订 新华书店经销

787 毫米 ×1092 毫米 16 开本 10.25 印张 182 千字

2023 年 5 月第 1 版 2025 年 7 月第 8 次印刷

定价：32.00 元

营销中心电话：400-606-6496

出版社网址：http://www.class.com.cn

消防设施操作员国家职业资格培训教材

编审委员会

主　任　琼　色　徐　平

副主任　曹　奇　王　伟

委　员　刘激扬　刘国峰　梁云红　范　伟　刘加奇

本书编审人员

主　编　刘　平　段　炼　田　湉

编　者（按姓氏笔画排序）

王　力　王勇俞　王晋平　刘玉宝　刘激扬

李宁宁　宋　洋　张　曦　陈　硕　陈　强

范　皓　钟园军　徐铭鸿　梅志斌　韩　波

谢　鑫

主　审　刘爱英

审　稿　李梅玲　武　韫　陈　婷　唐　黎

编写说明

消防设施操作员实行职业资格鉴定、推行持证上岗制度，是国家改进和加强社会公共消防安全的一项重要举措，对提高社会消防从业人员的业务技能和职业素质，推动社会化消防工作发展起到了重要的作用。为了加快消防技能人才队伍建设，推进消防行业职业技能鉴定工作的发展，配合《消防设施操作员国家职业技能标准》（以下简称“标准”）的实施，国家消防救援局指导南京训练总队牵头组织编写了《消防设施操作员国家职业资格培训教材》（以下简称“教材”）。

教材按照标准设定内容，涵盖了各级别应掌握的理论知识和操作技能要求。教材共包括《消防设施操作员国家职业资格培训教材（基础知识）》《消防设施操作员国家职业资格培训教材（初级）》《消防设施操作员国家职业资格培训教材（中级）》《消防设施操作员国家职业资格培训教材（高级）》《消防设施操作员国家职业资格培训教材（技师 高级技师）》5本。其中，《消防设施操作员国家职业资格培训教材（基础知识）》是各级别消防设施操作员均需掌握的基础知识，其他各级别教材内容分别包括相应级别消防设施操作员应掌握的理论知识和操作技能。

《消防设施操作员国家职业资格培训教材（初级）》第一章火灾自动报警系统由梅志斌、宋洋、王勇俞、刘玉宝、张曦、李宁宁、王力编写，第二章消火栓系统由范皓编写，第三章消防供水设施由刘激扬、范皓、刘平、段炼编写，第四章其他消防设施中涉及“防火门与防火卷帘”相关内容由韩波、陈强编写，涉及“灭火器、消防自救呼吸器、应急照明和疏散指示系统”相关内容由刘激扬、陈硕、段炼、钟园军、王晋平、谢鑫、徐铭鸿、田湉编写。本书主编为刘平、段炼、田湉，负责编写组织和内容统稿等工作。

教材在编审过程中，得到人力资源和社会保障部职业技能鉴定中心、各消防救援总队和消防科研所等单位大力支持，编写人员和审稿专家也付出了辛勤的汗水，作出了突出贡献，在此一并致谢。

国家消防救援局

职业资格培训教材编写组

目　　录

第一章　火灾自动报警系统

第一节　火灾自动报警系统监控……………………………………1

【知识要点】

要点 1：火灾自动报警系统和火灾报警控制器的分类 ………………1

要点 2：区域型火灾报警控制器的组成和功能 …………………… 3

要点 3：区域型火灾报警控制器及其电源的工作状态 ………… 6

要点 4：区域型火灾报警控制器的报警信号 ……………………… 9

要点 5：区域型火灾报警控制器报警信息的显示形式和处理方法… 10

【专业技能】

技能 1：如何区分区域型火灾报警控制器 ……………………… 14

技能 2：如何判断区域型火灾报警控制器的工作状态 ………… 14

技能 3：如何判断区域型火灾报警控制器的主备电源工作状态 … 19

技能 4：如何进行区域型火灾报警控制器自检 ………………… 20

技能 5：如何区分区域型火灾报警控制器的报警信号 ………… 22

技能 6：如何查看区域型火灾报警控制器的报警信息 ………… 22

技能 7：如何核实区域型火灾报警控制器的报警信息 ………… 24

技能 8：如何处理区域型火灾报警控制器的报警信息 ………… 24

技能 9：如何拨打火警电话报警 ………………………………… 25

第二节　火灾自动报警系统操作…………………………………… 26

【知识要点】

要点 1：区域型火灾报警控制器工作状态的切换方法 ………… 26

要点 2：区域型火灾报警控制器主电 / 备电工作状态的切换方法 ………… 26
要点 3：区域型火灾报警控制器的消音和复位 …………………………… 27
要点 4：火灾警报装置的启动方法 ………………………………………… 28
要点 5：常见报警触发装置的功能测试方法 ……………………………… 29

【专业技能】

技能 1：如何切换区域型火灾报警控制器的工作状态 …………………… 32
技能 2：如何切换区域型火灾报警控制器的主电 / 备电工作状态 ………… 34
技能 3：如何操作区域型火灾报警控制器进行消音、复位操作 ………… 35
技能 4：如何通过区域型火灾报警控制器启动火灾警报装置 ………… 36
技能 5：如何模拟测试常见报警触发装置的火警和故障报警功能 ……… 37

第三节　火灾自动报警系统保养……………………………………… 40

【知识要点】

要点 1：区域型火灾报警控制器的保养 ………………………………… 40
要点 2：常见报警触发装置和火灾警报装置的保养 …………………… 41

【专业技能】

技能 1：如何清洁维护区域型火灾报警控制器的外表 ………………… 42
技能 2：如何更换区域型火灾报警控制器的打印纸 …………………… 43
技能 3：如何更换区域型火灾报警控制器的熔断器 …………………… 44
技能 4：如何保养常见报警触发装置和火灾警报装置 ………………… 46

第二章　消火栓系统

第一节　消火栓系统操作…………………………………………… 48

【知识要点】

要点 1：消火栓系统的分类及组成 ……………………………………… 48
要点 2：室外消火栓给水系统的工作原理 ……………………………… 51
要点 3：室内消火栓给水系统的工作原理 ……………………………… 52
要点 4：消防软管卷盘、轻便消防水龙的组成 ………………………… 52

【专业技能】

技能 1：如何使用室外消火栓灭火 …… 53
技能 2：如何使用室内消火栓灭火 …… 56
技能 3：如何使用消防软管卷盘灭火 …… 59
技能 4：如何使用轻便消防水龙灭火 …… 59

第二节　消火栓系统保养 …… 60

【知识要点】

要点 1：消火栓系统管道、阀门的保养 …… 60
要点 2：室外消火栓、室内消火栓箱及消防水枪、消防水带的保养 …… 61
要点 3：消防软管卷盘和轻便消防水龙的保养 …… 62

【专业技能】

技能 1：如何保养消火栓系统管道、阀门、室外消火栓和室内消火栓箱体 …… 63
技能 2：如何保养消防水枪、消防水带、消防软管卷盘 …… 64
技能 3：如何保养轻便消防水龙 …… 64

第三章　消防供水设施

第一节　消防供水设施监控 …… 66

【知识要点】

要点 1：阀门的种类 …… 66
要点 2：消防水池的设置 …… 71
要点 3：高位消防水箱的设置 …… 74
要点 4：消防水池、高位消防水箱的水位显示装置 …… 77

【专业技能】

技能 1：如何判断消防水泵吸水管、出水管和消防供水管道上阀门的工作状态 …… 80
技能 2：如何判定消防水池和高位消防水箱的水位 …… 82

第二节　消防供水设施操作……83

【知识要点】

要点 1：消防泵组的启动方式……83

要点 2：消防泵组电气控制柜的工作状态及切换方法……84

【专业技能】

技能 1：如何识别和切换消火栓泵组电气控制柜的工作状态……85

技能 2：如何手动启动和停止消火栓泵组……86

第三节　消防供水设施保养……88

【知识要点】

要点 1：消防水泵接合器的设置和保养……88

要点 2：消防水池、高位消防水箱的保养……90

【专业技能】

技能 1：如何保养消防水泵接合器……91

技能 2：如何保养消防水池和高位消防水箱……91

第四章　其他消防设施

第一节　其他消防设施监控……93

【知识要点】

要点 1：防火门和防火门监控器的工作状态……93

要点 2：防火卷帘和防火卷帘控制器的工作状态……96

要点 3：灭火器的分类……97

要点 4：消防自救呼吸器的分类……102

【专业技能】

技能 1：如何判断防火门的工作状态……104

技能 2：如何判断防火卷帘的工作状态……107

技能 3：如何判断灭火器的有效性……109

技能 4：如何判断消防自救呼吸器的有效性 …… 114

第二节　其他消防设施操作 …… 116

【知识要点】

要点 1：灭火器的选择和操作方法 …… 116

要点 2：消防自救呼吸器的原理构造和使用注意事项 …… 118

【专业技能】

技能 1：如何选择和操作灭火器 …… 120

技能 2：如何使用消防自救呼吸器 …… 121

第三节　其他消防设施保养 …… 123

【知识要点】

要点 1：防火门的维护保养 …… 123

要点 2：防火卷帘的维护保养 …… 126

要点 3：消防应急灯具的分类、应急工作持续时间及最低照度要求 …… 131

要点 4：灭火器外观、挂钩、托架和灭火器箱的保养内容和方法 …… 133

【专业技能】

技能 1：如何保养防火门配件 …… 137

技能 2：如何保养防火卷帘配件 …… 140

技能 3：如何保养消防应急照明和疏散指示系统的应急灯具 …… 143

技能 4：如何保养灭火器、挂钩、托架和灭火器箱 …… 147

第一章　火灾自动报警系统

火灾自动报警系统是一种重要的自动消防设施，通常设置在人员居住和经常有人滞留的场所、存放重要物资或燃烧后产生严重污染需要及时报警的场所。火灾自动报警系统的主要作用是探测火灾早期特征、发出火灾报警信号，为人员疏散、防止火灾蔓延和启动自动灭火设备提供控制与指示，能够有效防止和减少火灾的危害。

本章共有三节内容，主要围绕区域报警系统以及区域型火灾报警控制器进行阐述，适用于消防设施监控操作职业方向。

第一节　火灾自动报警系统监控

【知识要点】

要点 1：火灾自动报警系统和火灾报警控制器的分类

1．火灾自动报警系统的分类

根据《火灾自动报警系统设计规范》（GB 50116—2013）的规定，按照系统形式的不同，火灾自动报警系统分为以下三类。

（1）仅需要报警，不需要联动自动消防设备的保护对象宜采用区域报警系统。

（2）不仅需要报警，同时需要联动自动消防设备，且只设置一台具有集中控制功能的火灾报警控制器和消防联动控制器的保护对象，应采用集中报警系统，并应设置一个消防控制室。

（3）设置两个及以上消防控制室的保护对象，或已设置两个及以上集中报警系统的保护对象，应采用控制中心报警系统。

2. 火灾报警控制器的分类

（1）火灾报警控制器按应用方式分类

1）独立型火灾报警控制器，是指不具有向其他控制器传递信息功能的火灾报警控制器。

2）区域型火灾报警控制器，是指具有向其他控制器传递信息功能的火灾报警控制器。

3）集中型火灾报警控制器，是指具有接收其他控制器传递的信息并集中显示功能的火灾报警控制器。

4）集中区域兼容型火灾报警控制器，是指同时具有区域型火灾报警控制器和集中型火灾报警控制器功能的火灾报警控制器。

（2）火灾报警控制器按功能分类

1）只有火灾报警功能。其产品名称为“火灾报警控制器”，执行标准为《火灾报警控制器》（GB 4717—2005）。

只有火灾报警功能的区域型火灾报警控制器如图 1–1–1 所示。

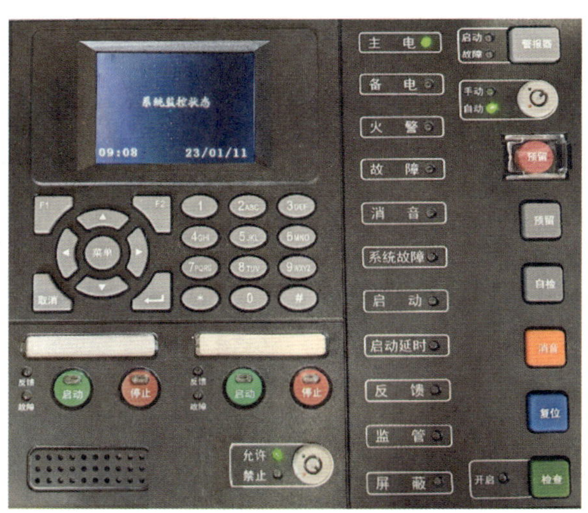

图 1–1–1　只有火灾报警功能的区域型火灾报警控制器

2）具有报警和联动自动消防设备功能。其产品名称为“火灾报警控制器（联动型）”或“火灾报警控制器 / 消防联动控制器”，执行标准为《火灾报警控制器》（GB 4717—2005）和《消防联动控制系统》（GB 16806—2006）。

具有报警和联动自动消防设备功能的区域型火灾报警控制器如图 1–1–2 所示。

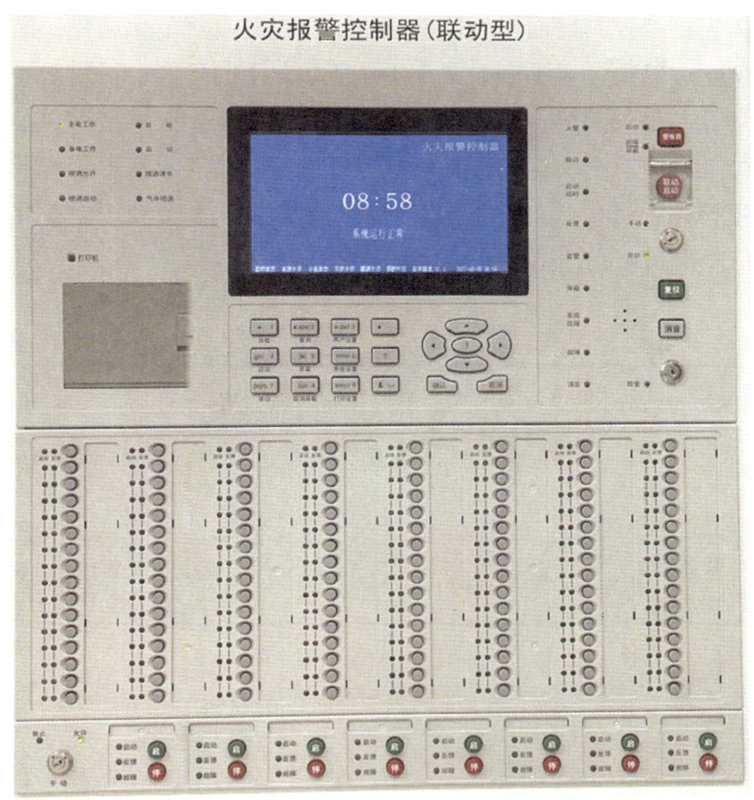

图 1–1–2　具有报警和联动自动消防设备功能的区域型火灾报警控制器

在区域报警系统中一般应用只有火灾报警功能的控制器即可。同时具备报警和联动功能的火灾报警控制器也可以作为区域型火灾报警控制器使用。

要点 2：区域型火灾报警控制器的组成和功能

区域报警系统主要由火灾探测器、手动火灾报警按钮、火灾声光警报器和区域型火灾报警控制器等组成。系统中可包括消防控制室图形显示装置和指示楼层的区域显示器。其中，区域型火灾报警控制器应当设置在有人值班的场所。

1. 区域型火灾报警控制器的组成

目前火灾报警控制器产品大多将火灾报警控制器与消防联动控制器合二为一，并且很多火灾报警控制器产品设计为集中区域兼容型。在不同系统形式中，各类火灾报警控制器面板的组成以基本按键与指示灯、显示器、打印机，以及不少于 2 点的直接控制输出为基本特征。与其他应用方式的火灾报警控制器类似，区域型火灾报警控制器一般由控制器机箱、指示灯、字母（符）– 数字显示器、音响器件、过负荷保护器件、接线端子及保护接地端子、备用电源及蓄电池、开关和按键、导线及线槽、打印机（可选）、内部电路板等主要部（器）件组成。

区域型火灾报警控制器面板的按键与指示灯设置有规范化趋势，横向设置示例如图 1–1–3 所示，纵向设置示例如图 1–1–4 所示。不同厂商、不同型号产品面板的人机界面布局存在部分差异，且具有一定的个性化特点。区域型火灾报警控制器面板上的指示灯功能应有中文标注，并以颜色标识。液晶显示器用于指示具体的报警信息、火灾报警控制信息、人机交互信息及其他信息。开关和按键在其上或靠近的位置清楚地标注出其功能，操作按键时发出提示音。

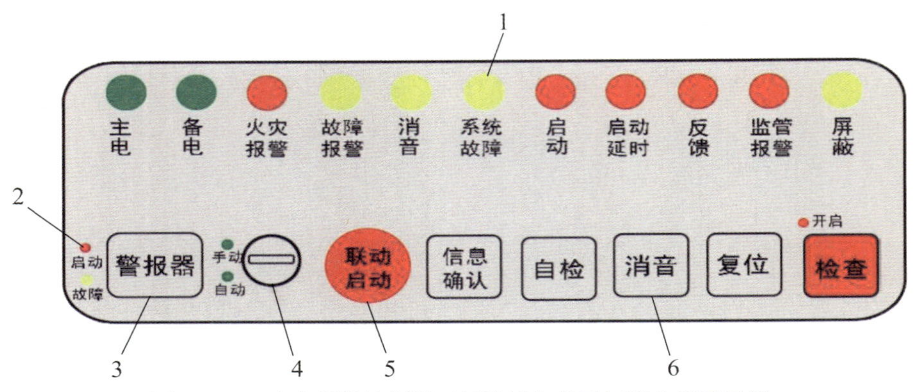

图 1–1–3　火灾报警控制器面板按键与指示灯横向设置示例

1、2—指示灯　3、5、6—按键　4—钥匙开关

2. 区域型火灾报警控制器的功能

由于区域报警系统功能简单，仅需要报警，不需要联动控制如消防应急广播设备、消防专用电话系统设备、自动灭火设备、防烟排烟设备及防火卷帘等自动消防设备，其组成不包括消防联动控制器，也不包括消火栓按钮，因此区域报警系统中设置的区域型火灾报警控制器具有显著的无须联动控制特征。

区域型火灾报警控制器整机一般具有以下功能。

（1）火灾报警功能

区域型火灾报警控制器应能直接或间接地接收来自火灾探测器及其他火灾报警触发器件的火灾报警信号，发出火灾报警声光信号，指示火灾发生部位，显示并记录火灾报警时间，并予以保持，直至手动复位。

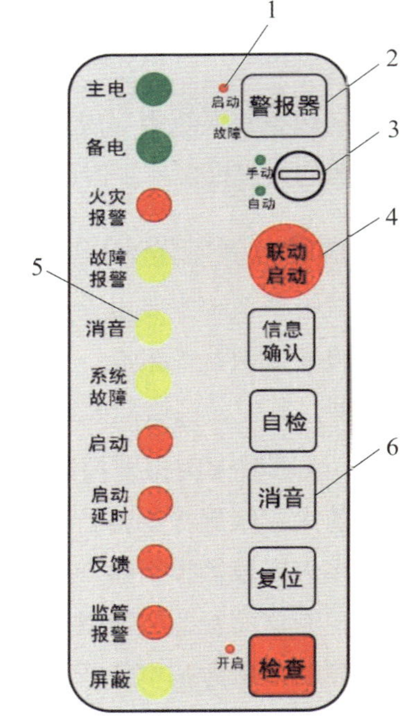

图 1–1–4　火灾报警控制器面板按键与指示灯纵向设置示例

1、5—指示灯　2、4、6—按键　3—钥匙开关

（2）火灾报警控制功能

区域型火灾报警控制器在火灾报警状态下应有火灾警报装置控制输出功能。区域型火灾报警控制器还应具有手动控制和自动控制功能，并设置手动控制状态指示灯和自动控制状态指示灯。现今产品多采用钥匙开关操作实现手动、自动控制状态转换，以往产品也采用菜单操作等其他方式。

（3）监管报警功能（仅适于具有此项功能的区域型火灾报警控制器）

无论区域型火灾报警控制器处于何种状态，只要有监管信号输入，区域型火灾报警控制器面板的专用监管报警状态总指示灯应点亮，并显示监管报警时间。

（4）故障报警功能

无论区域型火灾报警控制器处于何种状态，只要有故障信号输入，其故障总指示灯均应点亮。区域型火灾报警控制器与其连接的部件间发生故障时，应能指示故障部位；区域型火灾报警控制器自身发生故障时，应能指示故障类型。

（5）屏蔽功能（仅适于具有此项功能的区域型火灾报警控制器）

无论区域型火灾报警控制器处于何种状态，只要有屏蔽存在，其专用屏蔽总指示灯应点亮，并显示屏蔽时间。屏蔽状态不应受区域型火灾报警控制器复位、开机、关机等操作的影响。

（6）自检功能

区域型火灾报警控制器应能手动操作进行火灾报警声光指示功能检查，以及手动操作进行面板所有指示灯、显示器和所有声器件的功能检查。在进行上述火灾报警功能检查时，其控制的外接设备和输出接点均不应动作。

（7）信息显示与查询功能

区域型火灾报警控制器信息显示按火灾报警信息、监管报警信息、故障信息、屏蔽信息及其他信息顺序由高至低排列信息显示等级。具有联动控制功能的区域型火灾报警控制器信息显示按火灾报警信息、启动信息、反馈信息、监管报警信息、故障信息、屏蔽信息及其他信息顺序由高至低排列信息显示等级。

（8）系统兼容功能（与集中型火灾报警控制器连接时）

区域型火灾报警控制器应能向集中型火灾报警控制器发送火灾报警、火灾报警控制、故障报警、自检，以及可能具有的监管报警、屏蔽、延时等各种完整信息，并应能接收、处理集中控制器发出的控制、复位、消音、授时等相关指令。

（9）电源功能

区域型火灾报警控制器的电源部分应具有主电源和备用电源转换装置。实际工程中，主电源应直接与消防电源连接，不应使用电源插头。当主电源断电时，能自动切换到备用电源；主电源恢复时，能自动切换到主电源；主电、备电工作状态的切换不应使区域型火灾报警控制器产生误动作，不应使区域型火灾报警控制器发出火灾报警信号。

主电源容量和备用电源容量应能保证区域型火灾报警控制器在不同规定条件下的连续正常工作时间。

（10）软件运行监视功能

区域型火灾报警控制器应有程序运行监视功能，当不能运行主要功能程序时，区域型火灾报警控制器应在 100 s 内发出系统故障信号，点亮“系统故障”指示灯，进入安全状态。

（11）检查功能

目前，有些新型的区域型火灾报警控制器还具有检查功能，控制器设置独立的检查按键和检查功能状态指示灯，能通过手动操作显示以下信息：

区域型火灾报警控制器连接的所有工程设计设备类别和地址总数；

区域型火灾报警控制器连接的所有正常工作设备类别和地址总数；

区域型火灾报警控制器接收的故障设备类别和地址总数；

区域型火灾报警控制器已屏蔽设备的类别和地址总数。

要点 3：区域型火灾报警控制器及其电源的工作状态

1. 区域型火灾报警控制器的工作状态

区域型火灾报警控制器的工作状态包括开机 / 关机状态、正常监视 / 报警状态、手动 / 自动控制状态等，可以通过音响声调、液晶显示器显示文字信息、点亮指示灯等信息特征区分区域型火灾报警控制器所处的工作状态。

（1）开机 / 关机状态

区域型火灾报警控制器在自身维修、保养和更换时，一般需要进行开机 / 关机操作。区域型火灾报警控制器接通主电源、备用电源或全部电源，即进入开机状态，开机后区域型火灾报警控制器显示器可显示系统开机初始化提示、声光检查、外接设备注册、注册结果等开机运行信息，完成后如无报警和屏蔽信息即进入正常监视状态。区域型火灾报警控制器切断主电源和备用电源，即进入关机状态。

（2）正常监视 / 报警状态

1）正常监视状态。区域型火灾报警控制器的正常监视状态是指区域型火灾报警控制器接通电源正常运行后，无报警、屏蔽、自检等发生时所处的状态。

2）报警状态。区域型火灾报警控制器的报警状态一般是指控制器接收到报警信号后，发出报警提示信息时所处的状态，包括火灾报警状态、监管报警状态、故障报警状态和屏蔽状态。报警提示信息包括由区域型火灾报警控制器音响器件发出的报警声信号、指示灯发出的报警光信号和显示器显示的报警信息。

①火灾报警状态，是指区域型火灾报警控制器接收到火灾报警信号后，发出火灾报警提示信息时所处的状态。

②监管报警状态，是指具备监管报警功能的区域型火灾报警控制器接收到监管报警信号后，发出监管报警提示信息时所处的状态。

③故障报警状态，是指区域型火灾报警控制器接收到故障报警信号后，发出故障报警提示信息时所处的状态。

对于软件控制实现各项功能的区域型火灾报警控制器，当程序不能正常运行或存储器内容出错时，区域型火灾报警控制器应在 100 s 内发出系统故障信号，点亮“系统故障”指示灯。

④屏蔽状态，是指具有屏蔽功能的区域型火灾报警控制器在屏蔽功能启动后所处的状态。

区域型火灾报警控制器正常监视 / 报警状态的信息特征见表 1–1–1。

表 1–1–1　区域型火灾报警控制器正常监视 / 报警状态信息特征表

<table>
<tr><th colspan="2" rowspan="2">区域型火灾报警控制器状态</th><th colspan="2">声、光信号</th><th>报警信息</th></tr>
<tr><th>声信号</th><th>光信号</th><th>显示器</th></tr>
<tr><td colspan="2">正常监视状态</td><td>无声信号</td><td>主电工作状态指示灯点亮；
专用火警总指示灯熄灭；
专用监管报警状态总指示灯熄灭；
故障总指示灯熄灭；
专用屏蔽总指示灯熄灭</td><td>显示“系统运行正常”等类似信息</td></tr>
<tr><td rowspan="4">报警状态</td><td>火灾报警状态</td><td>发出火灾报警声信号</td><td>专用火警总指示灯点亮</td><td rowspan="4">显示报警时间、部位等信息</td></tr>
<tr><td>监管报警状态</td><td>发出监管报警声信号</td><td>专用监管报警状态总指示灯点亮</td></tr>
<tr><td>故障报警状态（系统故障除外）</td><td>发出故障报警声信号</td><td>故障总指示灯点亮</td></tr>
<tr><td>屏蔽状态</td><td>无声信号</td><td>专用屏蔽总指示灯点亮</td></tr>
</table>

备注：

（1）区域型火灾报警控制器发生系统故障时，其音响器件、故障总指示灯和显示器可能无法正常工作，仅“系统故障”指示灯点亮；

（2）区域型火灾报警控制器处于屏蔽状态时的声信号无法确定，一般无声信号发出，也有部分厂家的产品会发出故障报警声信号

2. 手动 / 自动控制状态

（1）手动控制状态

手动控制状态是指区域型火灾报警控制器在接到火灾报警和相关设备的动作信号后，需要经过手动确认并进行相应操作时所处的控制状态。

（2）自动控制状态

自动控制状态是指区域型火灾报警控制器在接到火灾报警和相关设备的动作信号后，按预先设定的系统动作程序自动启动和操作相关设备时所处的控制状态。

区域型火灾报警控制器设置有手动控制状态指示灯和自动控制状态指示灯，能以手动和自动两种方式完成对每个受控设备的控制功能，并指示相应状态。区域型火灾报警控制器的手动 / 自动控制状态不受复位操作的影响。

3. 区域型火灾报警控制器的电源工作状态

区域型火灾报警控制器的电源工作状态可以分为电源正常工作状态和故障状态。

（1）电源正常工作状态

电源正常工作状态是指区域型火灾报警控制器由 220 V 交流电源供电工作且备用电源（蓄电池）无故障时所处的状态。

（2）电源故障状态

电源故障状态分为主电故障状态、备电故障状态和备电欠压状态。

1）主电故障状态。是指区域型火灾报警控制器在主电源断电且备用电源（蓄电池）工作时所处的状态。

2）备电故障状态。是指区域型火灾报警控制器在主电源正常工作，备用电源（蓄电池）发生故障时所处的状态。

3）备电欠压状态。是指区域型火灾报警控制器在主电故障且备用电源（蓄电池）无法保证其继续工作时所处的状态。

可以通过查看区域型火灾报警控制器的显示屏信息、指示灯、故障报警声信号等信息特征区分区控制器电源所处的工作状态，具体信息特征见表 1–1–2。

表 1–1–2　区域型火灾报警控制器电源工作状态信息特征表

电源工作状态	音响器件	显示器	指示灯				
			主电工作状态	备电工作状态	故障总指示灯	主电故障（可选）	备电故障（可选）
正常工作	无声信号	无主备电故障信息	点亮	熄灭	—	熄灭	熄灭

续表

<table>
<tr><th colspan="2" rowspan="2">电源工作状态</th><th rowspan="2">音响器件</th><th rowspan="2">显示器</th><th colspan="5">指示灯</th></tr>
<tr><th>主电工作状态</th><th>备电工作状态</th><th>故障总指示灯</th><th>主电故障（可选）</th><th>备电故障（可选）</th></tr>
<tr><td rowspan="3">故障</td><td>主电</td><td rowspan="2">发出故障报警声信号</td><td>显示主电故障信息</td><td>熄灭</td><td>点亮</td><td>点亮</td><td>点亮</td><td>熄灭</td></tr>
<tr><td>备电</td><td>显示备电故障信息</td><td>点亮</td><td>熄灭</td><td>点亮</td><td>熄灭</td><td>点亮</td></tr>
<tr><td>备电欠压</td><td>发出故障报警声信号，且无法手动消除</td><td>—</td><td colspan="5">—</td></tr>
</table>

备注：

（1）部分区域型火灾报警控制器产品设置了单独的主电故障指示灯和备电故障指示灯；

（2）区域型火灾报警控制器备电欠压时，其显示器和指示灯可能无法正常工作

要点 4：区域型火灾报警控制器的报警信号

区域型火灾报警控制器的报警信号包括火灾报警信号、监管报警信号、故障报警信号和屏蔽信号。

1. 火灾报警信号

火灾报警信号是指当火灾报警触发器件的监视参数满足火灾报警条件时，火灾报警触发器件发出的信号。

2. 监管报警信号

监管报警信号是指由具有监管功能的区域型火灾报警控制器监管的除火灾报警、故障报警、联动相关信号之外的其他输入信号，如水位监测、防盗探测、压力、温度、空调等各类信号。

3. 故障报警信号

故障报警信号是指当火灾自动报警系统设备发生异常，不能正常运行时发出的信号。

4. 屏蔽信号

屏蔽信号是指具有屏蔽功能的区域型火灾报警控制器在屏蔽操作完成后发出的

报警光信号。

根据区域型火灾报警控制器发出的报警提示信息可判断其接收到的报警信号类别。

区域型火灾报警控制器报警信号特征见表 1–1–3。

表 1–1–3　区域型火灾报警控制器报警信号特征表

报警信号	信号特征
火灾报警信号	（1）10 s 内发出火灾报警声信号，点亮专用火警总指示灯 （2）可设置报警延时，时间应采用倒计时方式显示，最大不应超过 1 min，延时期间应有延时光指示，延时设置信息应能通过本机操作查询 （3）显示报警时间、部位等火灾报警信息 （4）复位后，仍然存在的报警状态及相关信息均应保持或在 20 s 内重新建立
监管报警信号	（1）100 s 内发出监管报警声信号，点亮专用监管报警状态总指示灯 （2）监管报警声信号与火灾报警声信号有明显区别 （3）显示报警时间等监管报警信息 （4）复位后，如监管报警信号仍存在，监管报警状态应保持或在 60 s 内重新建立
故障报警信号	（1）100 s 内发出故障声信号，点亮故障总指示灯 （2）故障报警声信号与火灾报警声信号有明显区别 （3）显示报警时间、部位等故障信息 （4）复位后，控制器应在 100 s 内重新显示尚存在的故障
屏蔽信号	（1）在屏蔽操作完成后启动屏蔽指示 （2）无论区域型火灾报警控制器处于何种状态（关机状态除外），只要有屏蔽存在，点亮专用屏蔽总指示灯 （3）显示屏蔽时间、部位等屏蔽信息 （4）屏蔽信号仅能通过手动方式触发 （5）屏蔽状态不应受控制器复位操作的影响

要点 5：区域型火灾报警控制器报警信息的显示形式和处理方法

1. 报警信息的显示形式

区域型火灾报警控制器的报警信息按火灾报警信息、监管报警信息、故障信息、屏蔽信息及其他信息顺序由高至低排列信息显示等级。在液晶显示器上，高等级信息应优先显示，低等级信息显示不应影响高等级信息显示。当控制器处于某一高等级信息显示时，应能通过手动操作查询其他低等级信息，各信息不应交替显示；报警信息除显示信息类别及其总数外，还在每一条信息中显示报警信号类型、报警时间、报警部位、报警设备和信息注释等内容。

区域型火灾报警控制器的报警信息特征见表 1–1–4。

表 1–1–4　区域型火灾报警控制器报警信息特征表

报警信息	信息特征
火灾报警信息	（1）采用字母（符）– 数字显示时，应能显示当前火灾报警部位的总数，并采用专用显示器持续显示或在共用显示器的顶部持续显示首火警部位 （2）后续火灾报警部位应按报警时间顺序连续显示，当显示区域不足以显示全部火灾报警部位时则按时间顺序循环显示（首火警信息不参与循环显示） （3）通过手动查询功能，每手动查询一次，只能查询一个火灾报警部位及相关信息
监管报警信息	区域型火灾报警控制器应能显示所有监管信息，在不能同时显示所有监管信息时，未显示的监管信息应手动可查
故障报警信息	区域型火灾报警控制器应能显示所有故障信息，在不能同时显示所有故障信息时，未显示的故障信息应手动可查
屏蔽信息	（1）区域型火灾报警控制器应能显示所有屏蔽信息，在不能同时显示所有屏蔽信息时，应显示最新屏蔽信息，其他屏蔽信息应手动可查 （2）仅在同一个探测区内所有部位均被屏蔽的情况下，才能显示该探测区被屏蔽，否则只能显示被屏蔽部位 （3）在同一个回路内所有部位和探测区均被屏蔽的情况下，才能显示该回路被屏蔽

2. 报警信息的处理方法

当区域型火灾报警控制器接收到火灾、监管、故障报警信号时，值班人员在准确区分区域型火灾报警控制器的报警信号后，应立即查看报警信息，确定报警部位、设备类型，迅速做好必要的准备工作，并尽快利用监控视频远程核实或安排人员到现场进行信息核实。确认后，按相应的处置流程处理报警信息。

（1）误报火警信息的处理方法

火警信息应立即以最快方式进行现场确认。当有火灾报警信号传送至区域型火灾报警控制器时应先按下“消音”键消除火灾报警声信号，并立即以最快方式进行确认，如经现场核实是误报火警且火灾警报装置已启动，应通过“警报器”按键停止所有火灾警报装置发出的警报声响，通知现场人员及相关人员取消火警状态，如果区域型火灾报警控制器具有信息确认功能，需将本次火警信息确认为误报火警。常见误报火警设备类型、可能误报原因及简单维修处理方法见表 1–1–5。故障处理完毕后，按下“复位”键，操作控制器恢复正常监视状态，如现场部件反复进入报警状态，应立即上报，联系厂家或专业维保人员处理。

表 1–1–5　常见误报火警设备类型、可能误报原因及简单处理方法

设备类型	可能误报原因	简单处理方法
手动火灾报警按钮	按钮在无火情的情况下被人为按下	使用专用工具复位按钮
点型感烟火灾探测器	烹调油烟、吸烟、杀虫剂等人为原因造成	对人员进行培训，恢复探测器所处环境
	水蒸气、扬尘、潮湿等环境因素所致	保持环境清洁
	探测器长期灰尘累积	清洁探测器
线型光束感烟火灾探测器	光束通道部分被遮挡	移除遮挡物
点型 / 线型感温火灾探测器	定温探测器报警温度设置不合理	重新设置报警温度
	差温探测器使用环境存在快速温升	联系厂家或维保人员协助解决
吸气式感烟火灾探测器	现场环境空气洁净度不够或探测灵敏度等级设置不合理	重新设置报警灵敏度等级
	过滤器污染	联系厂家或维保人员协助解决

续表

设备类型	可能误报原因	简单处理方法
火焰探测器	存在对应敏感光谱波段内的干扰光源，如电焊火花、卤素灯等引起误报	移除误报源

（2）监管报警信息的处理方法

对于具有监管报警功能的区域型火灾报警控制器，当有监管报警信号传送至控制器时，应先按下“消音”键消除监管报警声信号，经现场核实后，如果确认有监管报警事件真实发生，应根据监管的外部设备类型采取相应措施。如监管报警信号为水位监测、防盗探测、压力、温度、空调等信号，应联系厂家或维保人员进行处理。如果为误报监管，检查是否由于监管模块误动作，或者是否是人为或其他因素造成误报警，按下“复位”键使区域型火灾报警控制器恢复正常状态，观察是否还会误报；如果仍然发生误报，应联系厂家或专业维保人员进行维修。

（3）故障报警信息的处理方法

当发生故障时，首先应按下“消音”键消除故障报警声信号，根据区域型火灾报警控制器的故障信息确定故障类型，检查发生故障的部位，对照表 1-1-6 进行常见故障处理后，将区域型火灾报警控制器复位，如故障仍不能排除，及时联系厂家或专业维保人员进行维修。

表 1-1-6　常见故障类型、故障原因及简单处理方法

故障类型	故障原因	简单处理方法
火灾探测器类故障	探测器与底座脱落、接触不良	重新拧紧探测器
	总线与底座接触不良	重新压接总线，与底座良好接触
	长期污染报故障	清洁探测器
	探测器损坏	更换探测器
手动火灾报警按钮故障	总线与端子接触不良	重新压接总线，与端子良好接触
线型光束感烟火灾探测器故障	光束通道被遮挡	移除遮挡物
区域型火灾报警控制器主电故障	市电停电	主电断电情况下，备电可以连续供电 8 h，应在 8 h 内恢复供电
	电源线接触不良	重新可靠连接主电源线
	主电熔断器熔断	更换熔断器或保险管

续表

故障类型	故障原因	简单处理方法
区域型火灾报警控制器备电故障	备用电源电压不足	开机充电 24 h 后，备电仍报故障，更换备用蓄电池
	电源线接触不良	重新可靠连接电源线
总线回路故障	总线与端子接触不良	重新压接总线，与端子良好接触

【专业技能】

以下各操作技能均针对某特定产品。对于其他厂家和型式的产品，请参照其产品说明书进行。

技能 1：如何区分区域型火灾报警控制器

对于区域报警系统，按以下方法识别区域型火灾报警控制器。

1. 判断火灾自动报警系统形式

查看被保护对象的自动消防设施设置情况，如保护区域内仅需报警，不需联动自动消防设施，则确认系统形式是区域报警系统，系统相应设置在有人值班的房间或场所内的火灾报警控制器即为区域型火灾报警控制器。

2. 区分火灾报警控制器外观和面板组成特征

观察各消防控制与显示设备，若控制器面板组成以基本按键与指示灯、显示器、打印机以及不少于 2 点的直接控制输出为基本特征，且控制器面板不含有总线手动控制单元、直接手动控制单元，则可识别为区域型火灾报警控制器，并应通过其产品型号、标志进行确认。

技能 2：如何判断区域型火灾报警控制器的工作状态

1. 判断区域型火灾报警控制器处于何种控制状态

判断区域型火灾报警控制器控制状态的方法主要有以下三种。

（1）通过液晶显示面板判断区域型火灾报警控制器的控制状态

查看控制器液晶显示面板上的信息可以判断出区域型火灾报警控制器当前所处的控制状态。

区域型火灾报警控制器处于手动控制状态示例如图 1–1–5 所示。

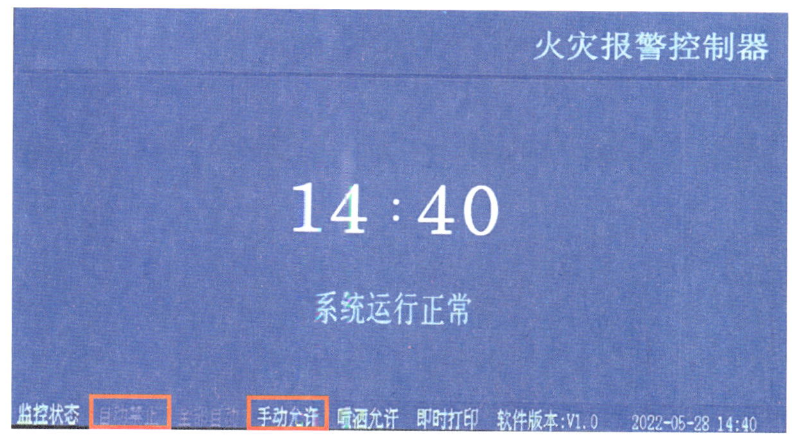

图 1-1-5　区域型火灾报警控制器处于手动控制状态示例

（2）通过控制状态指示灯判断区域型火灾报警控制器的控制状态

查看控制器手动控制状态指示灯和自动控制状态指示灯的点亮情况，可以判断出区域型火灾报警控制器当前所处的控制状态。

区域型火灾报警控制器控制状态指示灯示例如图 1-1-6 所示。

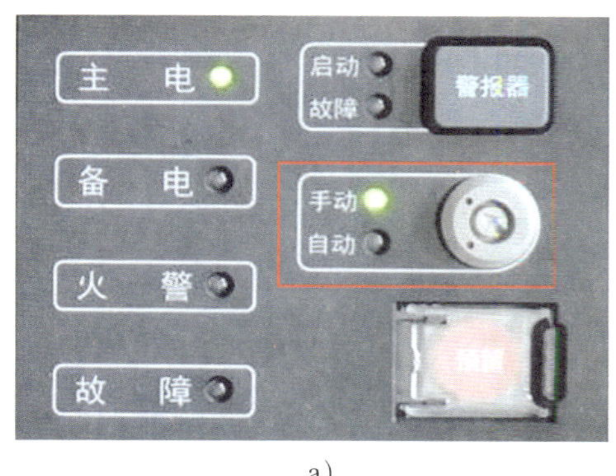

a）

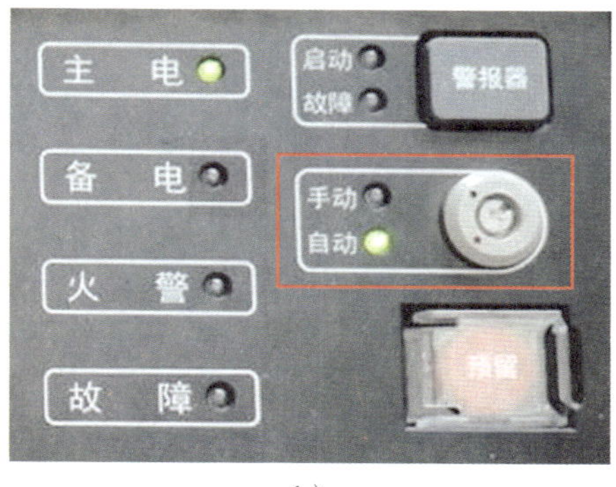

b）

图 1-1-6　区域型火灾报警控制器控制状态指示灯示例

a）手动控制状态　b）自动控制状态

（3）通过控制状态转换钥匙判断区域型火灾报警控制器的控制状态

查看控制器的控制状态转换钥匙，可以判断出区域型火灾报警控制器当前所处的控制状态。

区域型火灾报警控制器控制状态转换钥匙示例如图 1-1-7 所示。

2. 判断区域型火灾报警控制器是否处于正常监视状态

查看控制器的指示灯，若主电工作状态指示灯点亮，无报警、屏蔽、自检等情况发生，且显示器在非待机情况下显示“系统运行正常”等类似信息，则判定区域型火灾报警控制器处于正常监视状态。

区域型火灾报警控制器的显示器显示“系统运行正常”示例如图 1–1–8 所示。

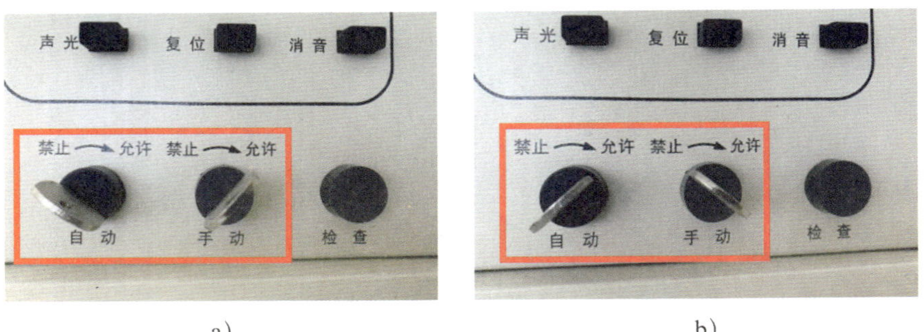

a）　　　　b）

图 1–1–7　区域型火灾报警控制器控制状态转换钥匙示例

a）手动控制状态　b）自动控制状态

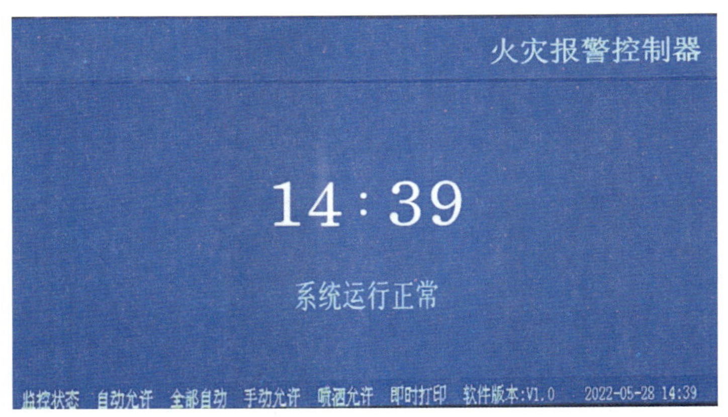

图 1–1–8　区域型火灾报警控制器的显示器显示“系统运行正常”示例

3. 判断区域型火灾报警控制器是否处于报警状态

（1）判断区域型火灾报警控制器是否处于火灾报警状态

观察控制器发出的报警提示信息，参见知识点中表 1–1–1 的内容，如果具有以下信息特征，则判断区域型火灾报警控制器处于火灾报警状态。

1）专用火警总指示灯点亮。

2）音响器件发出火灾报警声信号，一般为消防车警报声。

3）显示器显示火灾报警时间、部位等信息。

区域型火灾报警控制器的火灾报警状态示例如图 1–1–9 所示。

（2）判断区域型火灾报警控制器是否处于监管报警状态

观察具有监管报警功能的区域型火灾报警控制器发出的报警提示信息，参见表 1–1–1 的内容，如果具有以下信息特征，则判断区域型火灾报警控制器处于监管报警状态。

1）专用监管报警状态总指示灯点亮。

2）音响器件发出监管报警声信号，声音与火灾报警声信号有明显区别，一般为警车警报声。

3）显示器显示监管报警时间、部位等信息。

区域型火灾报警控制器的监管报警状态示例如图 1–1–10 所示。

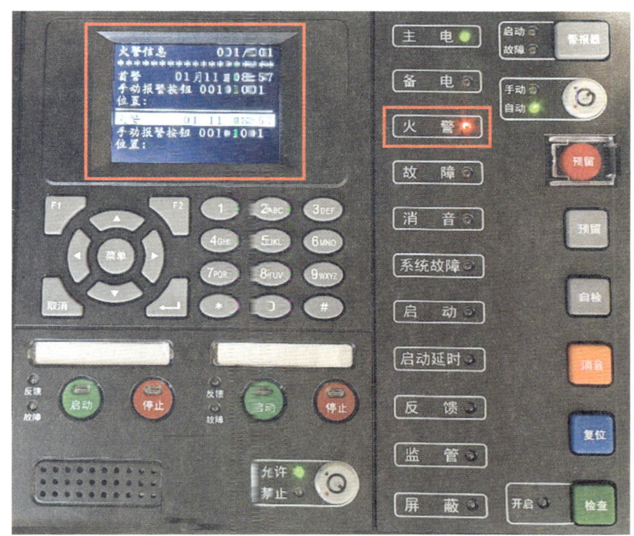

图 1–1–9　区域型火灾报警控制器的火灾报警状态示例

图 1–1–10　区域型火灾报警控制器的监管报警状态示例

（3）判断区域型火灾报警控制器是否处于故障报警状态

观察控制器发出的报警提示信息，参见表 1–1–1 的内容，如果具有以下信息特征，则判断区域型火灾报警控制器处于故障报警状态。

1）故障总指示灯点亮。

2）音响器件发出故障报警声信号，声音与火灾报警声信号有明显区别，一般为救护车警报声。

3）显示器显示故障报警时间、部位等信息。

区域型火灾报警控制器的故障报警状态示例如图 1–1–11 所示。

图 1–1–11　区域型火灾报警控制器的故障报警状态示例

此外，如果面板界面上单独的系统故障指示灯点亮，则应判断区域型火灾报警控制器处于系统故障。

区域型火灾报警控制器系统故障显示示例如图 1–1–12 所示。

（4）判断区域型火灾报警控制器是否处于屏蔽状态

观察具有屏蔽功能的区域型火灾报警控制器发出的报警提示信息，参见表 1–1–1 的内容，如果具有以下信息特征，则判断区域型火灾报警控制器进入屏蔽状态。

1）专用屏蔽总指示灯点亮。

2）显示器显示屏蔽时间、部位等信息。

区域型火灾报警控制器的屏蔽状态示例如图 1–1–13 所示。

图 1-1-12 区域型火灾报警控制器系统故障显示示例

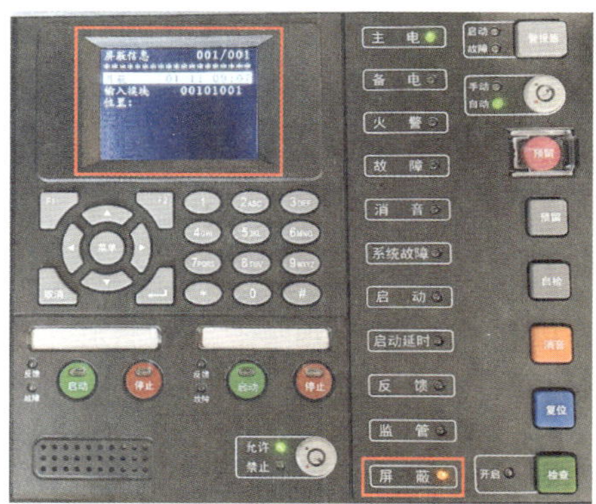

图 1-1-13 区域型火灾报警控制器的屏蔽状态示例

技能 3：如何判断区域型火灾报警控制器的主备电源工作状态

1. 判断区域型火灾报警控制器电源是否处于正常工作状态

查看区域型火灾报警控制器的指示灯，参见表 1-1-2 的内容，若主电工作状态指示灯点亮，备电工作状态指示灯熄灭，且显示器无主备电故障信息显示，则判定区域型火灾报警控制器电源处于正常工作状态。

区域型火灾报警控制器电源处于正常工作状态示例如图 1-1-14 所示。

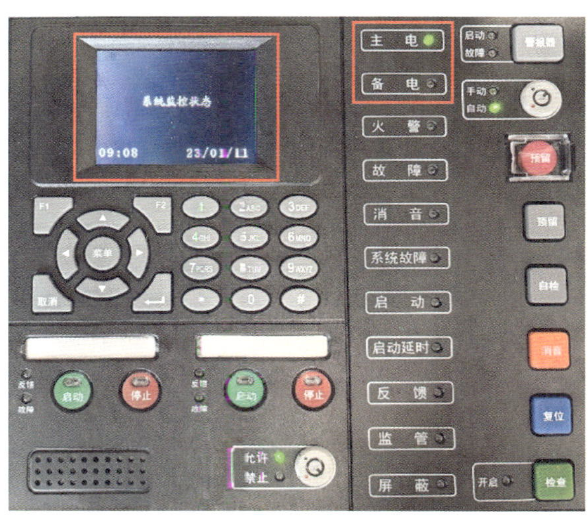

图 1-1-14 区域型火灾报警控制器电源处于正常工作状态示例

2. 判断区域型火灾报警控制器电源是否处于故障状态

(1) 主电故障状态

观察区域型火灾报警控制器发出的报警提示信息，参见表 1-1-2 的内容，如果具有以下信息特征，则判断区域型火灾报警控制器电源处于主电故障状态。

1）主电工作状态指示灯熄灭。

2）备电工作状态指示灯点亮。

3）故障总指示灯点亮。

4）显示器显示主电故障信息。

区域型火灾报警控制器电源处于主电故障状态示例如图 1–1–15 所示。

（2）备电故障状态

观察区域型火灾报警控制器发出的报警提示信息，参见表 1–1–2 的内容，如果具有以下信息特征，则判断区域型火灾报警控制器电源处于备电故障状态。

1）主电工作状态指示灯点亮。

2）备电工作状态指示灯熄灭。

3）故障总指示灯点亮。

4）显示器显示备电故障信息。

区域型火灾报警控制器电源处于备电故障状态示例如图 1–1–16 所示。

图 1–1–15　区域型火灾报警控制器电源处于主电故障状态示例

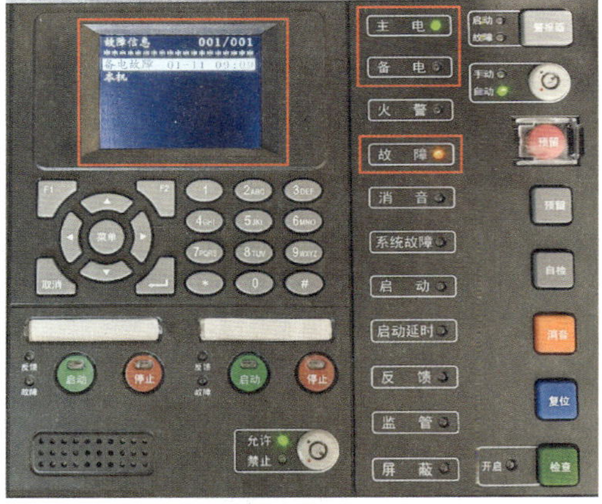

图 1–1–16　区域型火灾报警控制器电源处于备电故障状态示例

技能 4：如何进行区域型火灾报警控制器自检

区域型火灾报警控制器自检是指通过手动操作按键或功能菜单，检查区域型火灾报警控制器的火灾报警功能，有些区域型火灾报警控制器也具有手动检查火灾报警部位或探测区的功能。区域型火灾报警控制器在执行自检功能期间，火警传输装置、火灾警报装置等受其控制的外接设备和输出接点均不应动作。区域型火灾报警控制器自检时间超过 1 min 或其不能自动停止自检功能时，区域型火灾报警控制器的自检功能应不影响非自检部位、探测区和其本身的火灾报警功能。

按下“自检”键，进入自检界面并输入密码，选择自检类别，例如，选择“本机操作”，观察区域型火灾报警控制器发出的报警声、光信号及显示信息情况。

区域型火灾报警控制器自检示例如图 1–1–17 所示。

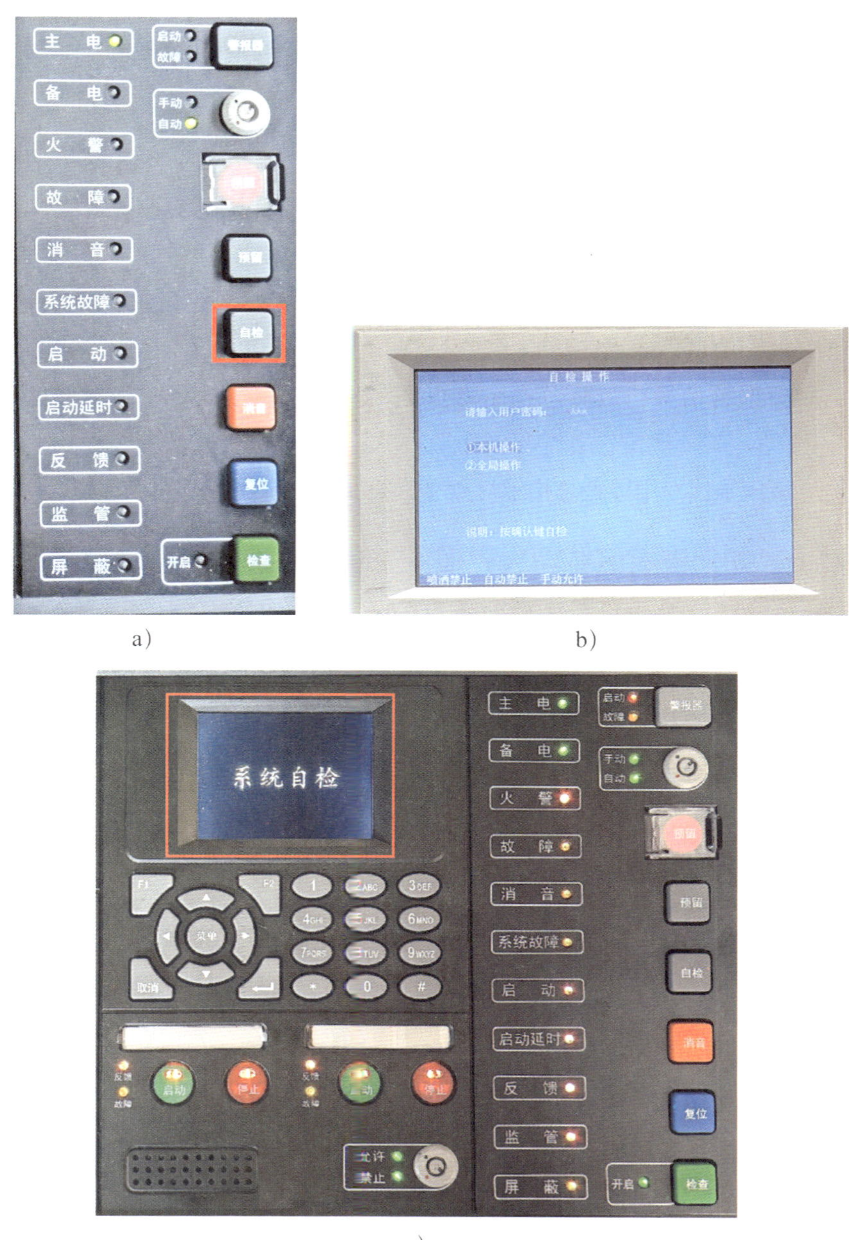

a）　　　　b）

c）

图 1–1–17　区域型火灾报警控制器自检示例

a）按下“自检”键　b）选择自检类别　c）自检时区域型火灾报警控制器状态

技能 5：如何区分区域型火灾报警控制器的报警信号

应综合考虑区域型火灾报警控制器发出的声、光信号和显示信息的不同特征，区分区域型火灾报警控制器报警序号。

1. 识别报警声信号

（1）火灾报警声信号有明显区别，一般为消防车警报声。

（2）故障报警声信号：故障报警声信号与火灾报警声信号有明显区别，一般为救护车警报声。

2. 查看报警光信号和显示信息

（1）火灾报警信号：专用火警总指示灯点亮，显示器显示报警时间、部位等火灾报警信息。

（2）监管报警信号：专用监管报警状态总指示灯点亮，显示器显示报警时间、部位等监管报警信息。

（3）故障报警信号：故障总指示灯点亮，显示器显示报警时间、部位等故障报警信息。

（4）屏蔽信号：专用屏蔽总指示灯点亮，显示器显示屏蔽时间、部位等屏蔽信息。

技能 6：如何查看区域型火灾报警控制器的报警信息

1. 查看液晶显示器显示的报警信息内容

查看区域型火灾报警控制器面板的液晶显示器显示内容，确定当前类别报警信息的数量、发生报警的时间、设备类型、报警部位注释信息。如果报警部位信息只有设备地址编码而无部位注释信息，则应立即查看系统设备编码与保护场所（房间）对照表资料，以确定报警部位的具体房间或场所位置。

（1）查看火灾报警信息

首先，关注专用显示器持续显示或在共用显示器的顶部持续显示的首火警部位；其次，查看显示器显示的当前火灾报警部位总数；最后，查看显示器下部按报警时间顺序连续显示的后续火灾报警部位。注意：当显示区域不足以显示全部火灾报警部位时，则显示器按顺序循环显示。

液晶显示器显示火警信息示例如图 1–1–18 所示。

（2）查看监管报警信息

查看监管报警发生的时间、监管设备的设备类型和设备位置等信息内容。

液晶显示器显示监管信息示例如图 1–1–19 所示。

（3）查看故障报警信息

查看故障的时间、故障的设备类型和故障位置等信息内容。

液晶显示器显示故障信息示例如图 1–1–20 所示。

（4）查看屏蔽信息

查看屏蔽操作的时间、屏蔽设备的设备类型和设备位置等信息内容。

液晶显示器显示屏蔽信息示例如图 1–1–21 所示。

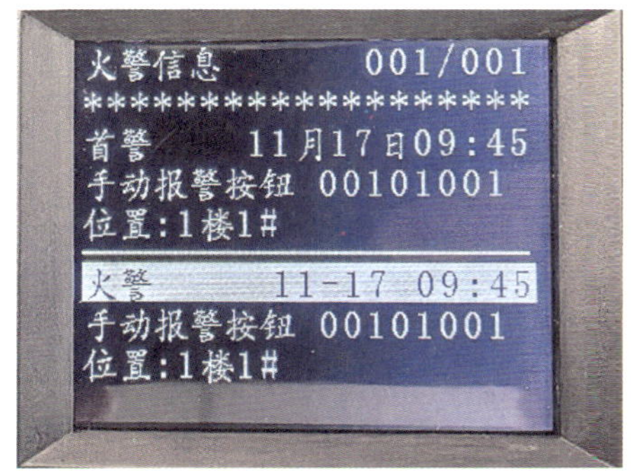

图 1–1–18 液晶显示器显示火警信息示例

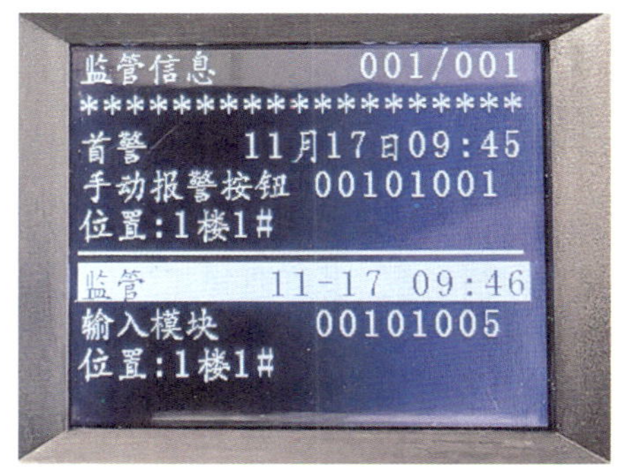

图 1–1–19 液晶显示器显示监管信息示例

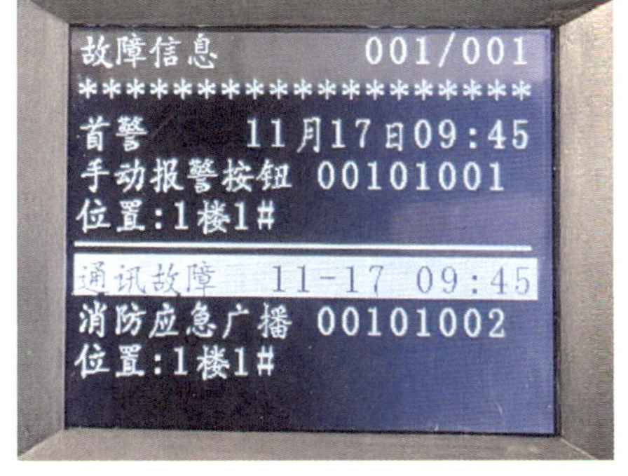

图 1–1–20 液晶显示器显示故障信息示例

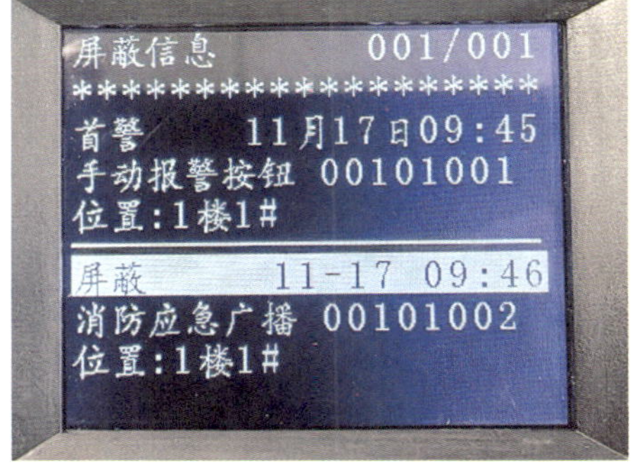

图 1–1–21 液晶显示器显示屏蔽信息示例

2. 手动操作查询其他未显示信息

区域型火灾报警控制器液晶显示器不能显示当前状态的全部报警信息时，可通过键盘区相关按键（一般为方向按键）的手动操作查询未显示的每条报警信息。

3. 手动操作查询其他低等级信息

同时存在或接续发生较低等级的报警状态信息时，可按照使用说明书规定方法（一般为方向按键）对相关报警信息进行查询操作。

技能 7：如何核实区域型火灾报警控制器的报警信息

1. 判断报警信息的类型

通过查看区域型火灾报警控制器显示的报警信息，确认报警信息的种类，判断报警信息是火灾报警、监管报警，还是故障报警。

2. 确定报警信息对应的具体位置

通过区域型火灾报警控制器显示的火警信息确定火警信号所在的具体楼层、位置；对照火灾探测器系统图、系统部件现场布置图、地址编码表等资料，确定监管报警、故障报警触发器件所在的具体位置。

3. 现场核实报警信息

如果建筑内已安装视频监控设备，可通过查看报警信息所在区域的监控视频来核实现场情况，也可通知最近的值守人员或安排消防控制室另一名值班人员携带对讲机、消防手提电话前往现场核实。

（1）火灾报警信息

如核实为火灾，值班人员立即拨打“119”火警电话报警，并报告单位负责人，启动应急预案，开展火灾初期处置；如果为误报火警，则按误报火警信息处理。

（2）监管报警信息

如现场核实因火灾引起设备联动，应迅速查明火源，按火灾处置程序处理。如现场核实没有发生火灾，设备因误动作、故障引发监管报警，应按照误报处理。

4. 故障报警信息

值班人员或维修人员携带常用维修工具，在现场找到故障设备，核实故障信息，进行故障处理。如现场核实为系统故障，应及时联系专业维保人员或厂家进行故障修复。

技能 8：如何处理区域型火灾报警控制器的报警信息

1. 处理区域型火灾报警控制器误报火警信息

（1）按下区域型火灾报警控制器上的“消音”键消除火灾报警声信号后，通过“警报器”按键停止所有已启动的火灾警报装置。

（2）通知现场人员及相关人员取消火警状态。

（3）如果区域型火灾报警控制器具有信息确认功能，将本次火灾报警信息确认为误报火警。

（4）现场查找误报火警类型和误报原因，依据表 1–1–5，现场进行简单维修处理。

（5）按下区域型火灾报警控制器上“复位”按键，使系统恢复正常状态，如现场部件仍然误报火警，应立即上报，通知厂家或专业维保人员处理。

2. 处理区域型火灾报警控制器监管报警信息

（1）按下区域型火灾报警控制器上的“消音”键，消除监管报警声信号。

（2）现场核实信息后，若确认有监管报警事件发生，根据监管的外部设备类型采取相应措施并立即上报。

（3）若为误报监管，检查是否由于监管模块误动作，或者是否是人为或其他因素造成误报警。按下区域型火灾报警控制器上“复位”按键，使系统恢复正常状态，如果仍然发生误报，应通知厂家或专业维保人员处理。

3. 处理区域型火灾报警控制器故障报警信息

（1）按下区域型火灾报警控制器上的“消音”键，消除故障报警声信号。

（2）现场核实故障的类型，查找故障原因，依据表 1–1–6，现场进行简单维修处理。

（3）按下区域型火灾报警控制器上“复位”按键，使系统恢复正常状态，如现场部件仍然报出故障，应通知厂家或专业维保人员处理。

4. 处理完毕后，按规定做好记录

技能 9：如何拨打火警电话报警

1. 在确认火灾发生后，立即使用身边的固定电话或移动电话拨打“119”火警电话。

2. 拨通电话后，确认对方是否为“119”火警受理平台。

3. 确认无误后，准确报出发生火灾的建筑物的所在位置，说明火灾范围、火势大小、燃烧物质、是否有受困人员以及火灾发生地点附近存放物等信息，同时简要准确地回答接警人员的问题，留下自己的姓名、所在单位和联系方式，并在消防值班记录本上准确填写相关报警信息。

4. 拨打“119”火警电话后，应通知单位消防值班人员、工作人员向附近的微型消防站报警，并安排人员做好迎接消防车辆的准备。

5. 向单位的消防安全责任人和消防安全管理人报告火警信息，立即启动单位内部的灭火和应急疏散预案。

6. 迅速利用消防广播、警报、呼喊等方式向起火建筑相关区域的人员通告火警信息，通知单位工作人员立即组织初期灭火和人员疏散逃生。

第二节　火灾自动报警系统操作

【知识要点】

要点 1：区域型火灾报警控制器工作状态的切换方法

区域型火灾报警控制器工作状态的切换在本机进行，并在本机面板显示相关信息。区域型火灾报警控制器工作状态切换操作与状态显示见表 1–2–1。

表 1–2–1　区域型火灾报警控制器工作状态切换操作与状态显示

操作项目		关键步骤	显示屏状态	指示灯状态
开机 / 关机	开机	先接通主电源，后接通备用电源	开机界面	（1）主电工作状态指示灯常亮 （2）备电工作状态指示灯熄灭
	关机	先断开备用电源，后断开主电源	熄灭	所有指示灯熄灭
手动 / 自动控制状态切换	手动切换为自动	操作钥匙开关或一键快捷操作、菜单操作等其他方式	显示“自动”状态	（1）自动控制状态指示灯常亮 （2）手动控制状态指示灯熄灭
	自动切换为手动	操作钥匙开关或菜单操作等其他方式	显示“手动”状态	（1）手动控制状态指示灯常亮 （2）自动控制状态指示灯熄灭

备注：

（1）按照《火灾报警控制器》（GB 4717—2005）和《消防联动控制系统》（GB 16806—2006）规定，表 1–2–1 中操作项目有操作级别划分要求，应采用钥匙或操作密码才可进入对应的操作功能状态；

（2）系统正式启用后不得因误报等原因随意切断电源，使系统中断运行；

（3）在自动方式下，手动插入操作优先

要点 2：区域型火灾报警控制器主电 / 备电工作状态的切换方法

区域型火灾报警控制器主电 / 备电工作状态的切换在本机进行，并在本机面板显示相关信息。区域型火灾报警控制器主电 / 备电工作状态切换操作与状态显示见表 1–2–2。

表 1–2–2　区域型火灾报警控制器主电 / 备电工作状态切换操作与状态显示

<table>
<tr><th colspan="2">操作项目</th><th>关键步骤</th><th>显示屏状态</th><th>指示灯状态</th></tr>
<tr><td rowspan="2">主电 / 备电切换</td><td>主电切换为备电</td><td>切断区域型火灾报警控制器主电源</td><td>显示“主电故障”事件</td><td>（1）备电工作状态指示灯常亮
（2）故障总指示灯常亮
（3）如有主电故障指示灯，应常亮</td></tr>
<tr><td>备电切换为主电</td><td>恢复区域型火灾报警控制器主电源</td><td>“主电故障”事件消失</td><td>主电工作状态指示灯常亮</td></tr>
</table>

备注：

在每季度的系统功能检查测试、更换区域型火灾报警控制器主电源线路熔断器时，以及备用电源电池按区域型火灾报警控制器使用要求定期进行人工充放电时，一般进行主电 / 备电工作状态的切换操作

要点 3：区域型火灾报警控制器的消音和复位

1. 消音操作的作用和方法

（1）消音操作的作用

消音操作是指当区域型火灾报警控制器本机或与其连接的火灾探测器等火灾报警触发器件发生各类报警事件时，为暂时消除音响器件发出的报警声而进行的操作。消音操作能够防止在当前音响器件发出报警声的情况下无法再次发出同级别其他报警事件的报警声，从而忽略新发生的报警事件。同时消音操作也能为消防控制室工作人员核实、处理报警信息提供一个利于交流的环境。

（2）消音操作的方法

区域型火灾报警控制器的面板操作界面设有“消音”键，按下“消音”键即可对区域型火灾报警控制器进行消音操作。

2. 复位操作的作用和方法

（1）复位操作的作用

复位操作是指当处理完报警事件后，使区域型火灾报警控制器及其连接的火灾

探测器等火灾报警触发器件恢复到正常监视状态而进行的操作。复位后如果系统中仍然存在报警事件，区域型火灾报警控制器会重新显示事件信息。

（2）复位操作的方法

区域型火灾报警控制器的面板操作界面设有手动复位按钮（键），按下手动复位按钮（键），输入操作密码并确认，即可对区域型火灾报警控制器及其连接的火灾触发器件、火灾警报装置进行复位操作。

区域型火灾报警控制器“消音”键和手动复位按钮（键）示例如图 1–2–1 所示。

图 1–2–1　区域型火灾报警控制器“消音”键和手动复位按钮（键）示例

要点 4：火灾警报装置的启动方法

1. 火灾警报装置的作用及分类

在火灾自动报警系统中，用于发出区别于环境声、光的火灾警报信号的装置称为火灾警报装置。在确认火灾后，火灾自动报警系统应能启动所有火灾警报装置。其能以警示声调、闪烁光及语音等方式发出火灾警报信号，以警示人们迅速采取安全疏散、灭火救灾措施。

火灾警报装置按用途分为火灾声警报器、火灾光警报器、火灾声光警报器和气体释放警报器；按使用场所分为室内型（含住宅内使用、非住宅内使用）、室外型。火灾自动报警系统应能启动、停止所有火灾声警报器工作，具有语音提示功能的火灾声警报器还应具有语音同步功能。火灾声光警报器如图 1–2–2 所示。

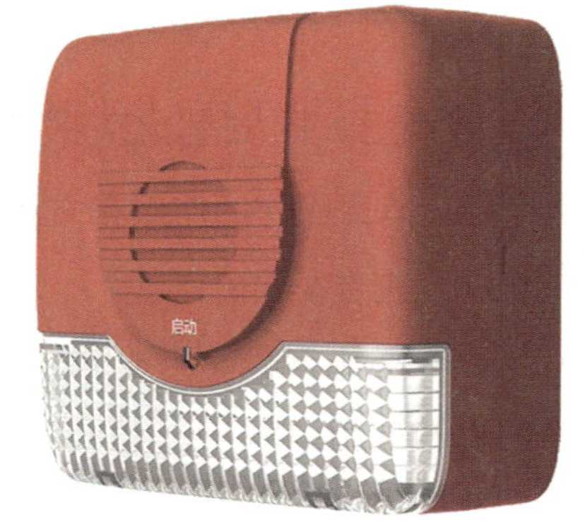

图 1–2–2　火灾声光警报器

2. 火灾警报装置的启动方法

火灾警报装置可以通过自动和手动两种方法启动。

（1）自动启动火灾警报装置

在接收到满足控制逻辑的火灾触发器件发出的火灾报警信号时，区域型火灾报警控制器应自动启动建筑内所有的火灾警报装置。

（2）手动启动火灾警报装置

对于设置独立火灾警报装置控制按钮（键）和启动状态指示灯（器）的区域型

火灾报警控制器，能通过操作控制按钮（键）手动启动和消除火灾警报装置的声、光警报信号，并指示警报信号的启动状态。

火灾警报装置控制按钮和指示灯示例如图 1-2-3 所示。

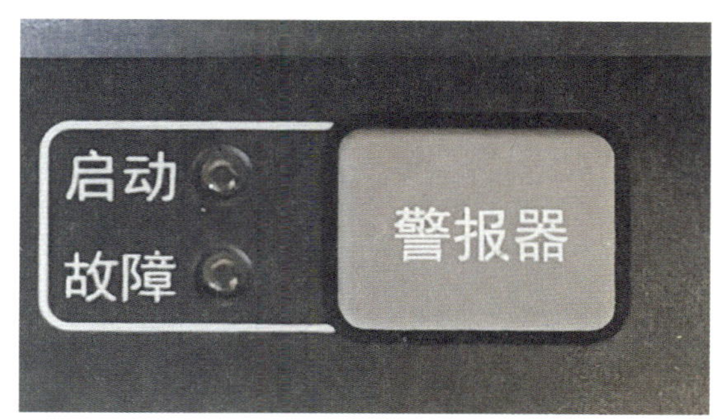

图 1-2-3 火灾警报装置控制按钮和指示灯示例

要点 5：常见报警触发装置的功能测试方法

1. 常见报警触发装置

常见的报警触发装置有点型感烟火灾探测器、点型感温火灾探测器和手动火灾报警按钮。

（1）点型感烟火灾探测器

点型感烟火灾探测器是一种响应燃烧或热媒介产生的固体微粒的火灾探测器，以烟雾为主要探测对象，一般适用于火灾初期可能发生引燃的场所。点型感烟火灾探测器主要分为离子型、光电型。

点型感烟火灾探测器如图 1-2-4 所示。

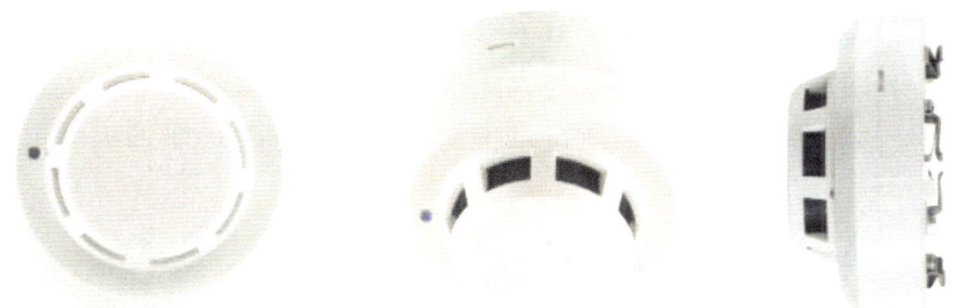

图 1-2-4 点型感烟火灾探测器

（2）点型感温火灾探测器

点型感温火灾探测器是利用热敏元件来探测火灾的火灾探测器，以温度为主要探测对象，一般适用于相对湿度大于 95%、可能发生无烟火灾、有大量粉尘的场所，以及厨房、锅炉房、发电机房等不适合安装感烟探测器的场所。

点型感温火灾探测器如图 1–2–5 所示。

图 1–2–5　点型感温火灾探测器

（3）**手动火灾报警按钮**

手动火灾报警按钮是通过手动启动器件发出火灾报警信号的装置，也是火灾自动报警系统中不可缺少的基本组件，其作用是现场确认火情和人工发出火警信号。

手动火灾报警按钮如图 1–2–6 所示。

图 1–2–6　手动火灾报警按钮

手动火灾报警按钮按触发方式分为两类：一类是玻璃破碎型手动火灾报警按钮，其通过直接击碎启动零件（玻璃）来触发火灾报警信号；另一类是可复位型手动火灾报警按钮，其通过启动零件移位来触发火灾报警信号，包括吸盘复位型和钥匙复位型两种。

2. 常见报警触发装置的火灾报警、故障报警功能测试

常见报警触发装置的功能主要有火灾报警功能和故障报警功能。由于常见报警触发装置自身不能独立工作，需要与火灾报警控制器连接在一起构成系统应用，其火灾报警和故障报警功能的模拟测试是针对其与火灾报警控制器火灾报警和故障报警功能的综合测试。

（1）**火灾报警功能的模拟测试方法**

常见报警触发装置上设有红色报警确认灯，当满足其火灾报警触发条件时，报警确认灯点亮，并向火灾报警控制器发送火灾报警信号。

1）点型感烟火灾探测器火灾报警功能的模拟测试方法。目前，常用的模拟测试方法主要采用感烟探测器功能试验器（试验烟枪、加烟器）或气溶胶储罐向点型感烟火灾探测器施加相应浓度的烟雾，以测试其和火灾报警控制器的火灾报警功能。

感烟探测器功能试验器（试验烟枪、加烟器）如图 1–2–7 所示。

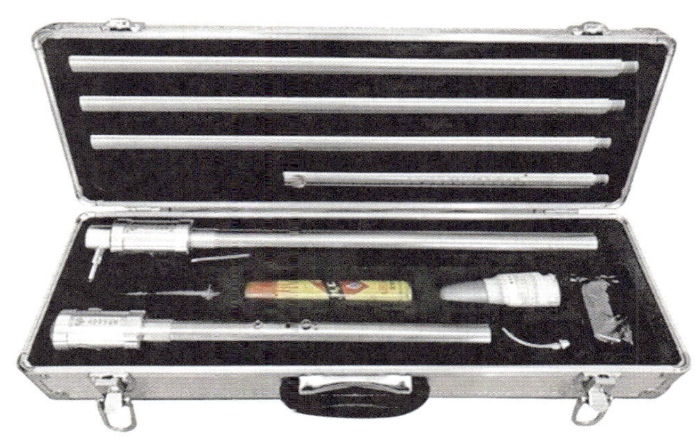

图 1-2-7　感烟探测器功能试验器（试验烟枪、加烟器）

2）点型感温火灾探测器火灾报警功能的模拟测试方法。目前，常用的模拟测试方法主要采用感温探测器功能试验器向探测器加温，以测试其和火灾报警控制器的火灾报警功能。

3）手动火灾报警按钮火灾报警功能的模拟测试方法。玻璃破碎型手动火灾报警按钮上一般设置有测试插孔用以测试火灾报警功能，利用专用钥匙可测试其和火灾报警控制器的火灾报警功能，无须击碎按钮上的启动零件（玻璃）。测试完毕后可利用钥匙对手动火灾报警按钮进行复位。

可复位型手动火灾报警按钮可按下手动启动器件来测试其和火灾报警控制器的火灾报警功能。测试完毕后可利用专用的复位工具对手动火灾报警按钮进行复位。

（2）故障报警功能的模拟测试方法

常见报警触发装置本身不具有故障报警功能，其故障报警功能主要是指其故障后，火灾报警控制器的故障报警功能。实践中，主要测试报警触发器件的离线故障报警功能。

目前，常用的模拟测试方法是将常见报警触发装置从其底座上拆除，测试其和火灾报警控制器的故障报警功能。

【专业技能】

以下各操作技能均针对某特定产品。对于其他厂家和型式的产品，请参照其产品说明书进行操作。

技能 1：如何切换区域型火灾报警控制器的工作状态

1. 切换开机 / 关机状态

（1）开机

1）通过钥匙开启区域型火灾报警控制器机箱前面板，在机箱内部找到主电源和主电开关、备用电源和备电开关。

区域型火灾报警控制器内部电源及主备电开关位置如图 1–2–8 所示。

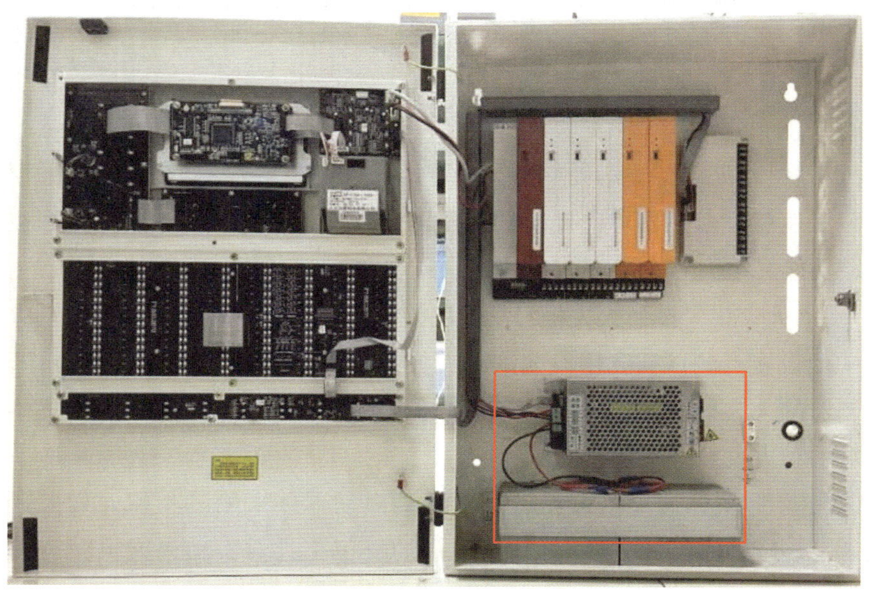

a）

b）

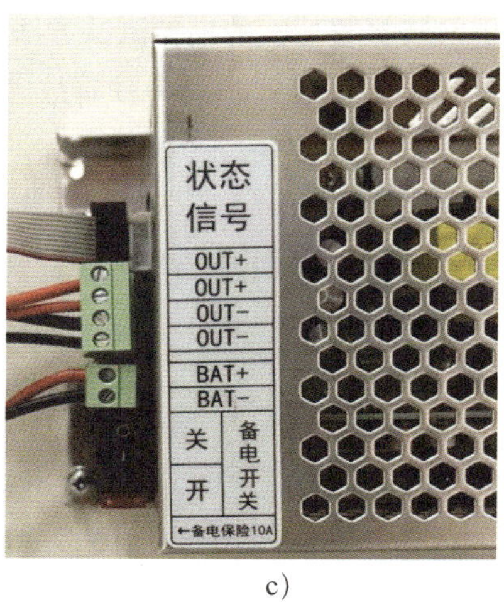

c）

图 1–2–8　区域型火灾报警控制器内部电源及主备电开关位置

a）区域型火灾报警控制器内部电源　b）区域型火灾报警控制器主电开关

c）区域型火灾报警控制器备电开关

2）先接通主电开关，然后接通备电开关。

3）合上机箱前面板并用钥匙闭锁，观察区域型火灾报警控制器开机界面和电源工作状态指示情况。面板上的显示器进入开机界面，主电工作状态指示灯应常亮，备电工作状态指示灯应熄灭，如无报警信息和屏蔽信息则区域型火灾报警控制器应进入正常监视状态。

（2）关机

1）通过钥匙开启区域型火灾报警控制器前面板，先断开备电开关，然后断开主电开关。面板上的显示器及所有指示灯应全部熄灭。

2）合上机箱前面板并用钥匙闭锁。控制器一旦关机，将丧失区域内的火灾报警和联动自动消防等设备的全部功能。因此，关机维修期间应换上备用控制器；没有备用控制器时，应对该受保护区域采取有效的消防安全措施，或暂停使用该区域。

2. 切换手动 / 自动控制状态

（1）观察并确认区域型火灾报警控制器当前所处的控制状态

查看区域型火灾报警控制器是否处于正常监视状态，如有误报火警、监管报警、故障报警等信息，应及时处理并复位系统，避免切换控制器控制状态操作中出现设备误动作。

（2）根据区域型火灾报警控制器功能配置完成控制状态切换

1）操作“控制状态转换钥匙”切换控制状态。部分区域型火灾报警控制器面板设置有手动 / 自动控制转换钥匙，操作转换钥匙，即可实现区域型火灾报警控制器手动控制状态与自动控制状态的切换。

2）操作快捷键进入自动控制状态。对于面板设置了独立联动启动控制按钮（具有防止误操作的措施，且不采用密码保护）的新型区域型火灾报警控制器，当火灾报警确认后且控制器处于手动控制状态时，手动操作联动启动控制按钮（圆形红色按钮或按键），即可实现控制器从手动控制到自动控制状态的快捷切换。

3）操作“手 / 自动”按键切换控制状态。对于设有“手 / 自动”按键的区域型火灾报警控制器，按下键盘区的“手 / 自动”按键，输入系统操作密码并确认，进入控制状态切换界面后，可通过继续操作“手 / 自动”按键完成控制状态的切换，完成后保存设置并退出，即可实现控制状态的切换。

3. 填写记录

操作完毕后，按规定做好记录。

技能 2：如何切换区域型火灾报警控制器的主电 / 备电工作状态

1．确认控制器电源是否处于正常工作状态

确认区域型火灾报警控制器电源是否处于正常工作状态，观察主电工作状态指示灯是否常亮，备电工作状态指示灯和备电故障指示灯是否熄灭。

2．主电工作状态切换为备电工作状态

通过钥匙打开机箱前面板，断开主电开关，区域型火灾报警控制器由主电工作状态自动转换为备电工作状态。此时，备电工作状态指示灯常亮，主电工作状态指示灯熄灭，显示器提示“主电故障”并发出故障声信号。

区域型火灾报警控制器备电工作状态显示示例如图 1–2–9 所示。

图 1–2–9　区域型火灾报警控制器备电工作状态显示示例

3．备电工作状态切换为主电工作状态

在备电工作状态下，恢复主电源，区域型火灾报警控制器由备电工作状态自动转换为主电工作状态。此时，主电工作状态指示灯常亮，备电工作状态指示灯熄灭，显示器提示的“主电故障”事件消失。

4．填写记录

操作完毕后，按规定做好记录。

技能 3：如何操作区域型火灾报警控制器进行消音、复位操作

1. 操作区域型火灾报警控制器进行消音

当系统发生报警事件时，区域型火灾报警控制器的音响器件发出相应的报警声，找到并按下“消音”键，音响器件停止发出声音，“消音”指示灯点亮。消音操作后，应及时核实、处理相应的报警事件。

区域型火灾报警控制器消音操作示例如图 1–2–10 所示。

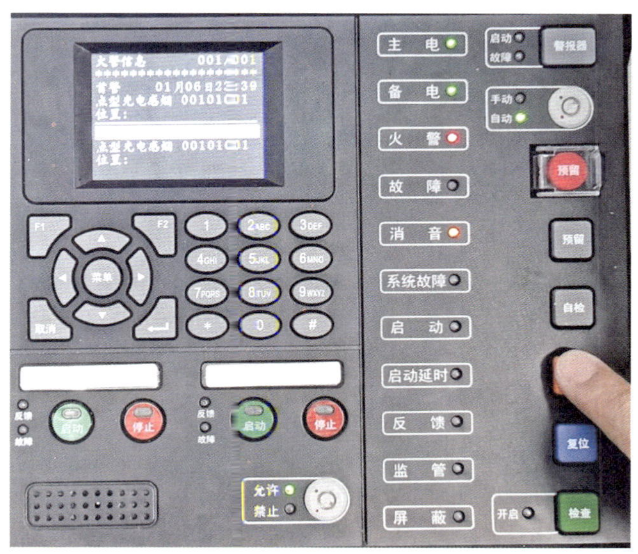

图 1–2–10　区域型火灾报警控制器消音操作示例

2. 操作区域型火灾报警控制器进行复位

复位操作前，应先现场核实相关火警、监管、故障报警事件情况。当处理完毕报警事件后，找到并按下区域型火灾报警控制器的手动复位按钮（键），输入操作密码，对区域型火灾报警控制器进入复位动作。复位后，原有报警事件将被全部清除，控制器恢复正常监视状态。

区域型火灾报警控制器复位操作示例如图 1–2–11 所示。

3. 填写记录

操作完毕后，按规定做好记录。

a）

b）

图 1–2–11　区域型火灾报警控制器复位操作示例

a）按下手动复位按钮（键）并输入操作密码　b）复位时区域型火灾报警控制器显示界面

技能 4：如何通过区域型火灾报警控制器启动火灾警报装置

1. 通过区域型火灾报警控制器自动启动火灾警报装置

（1）确认火灾警报装置处于正常工作状态，并查看其联动控制逻辑。

（2）令相应的火灾报警触发装置发出火灾报警信号，使区域型火灾报警控制器进入火灾报警状态，此时根据预设的控制逻辑，控制器会自动启动所有的火灾警报装置，此时，火灾警报装置的动作指示灯、警报光信号点亮，并同时发出警报声，具有语音提示功能的各火灾声警报装置在警报声间歇期同步发出语音提示。

2. 通过区域型火灾报警控制器手动启动火灾警报装置

（1）确认火灾警报装置处于正常工作状态。

（2）按下区域型火灾报警控制器面板“警报器”按键直接启动火灾警报装置，此时，火灾警报装置的动作指示灯、警报光信号点亮，并同时发出警报声，具有语音提示功能的各火灾声警报装置在警报声间歇期同步发出语音提示。

火灾声光警报器启动后的工作状态如图 1–2–12 所示。

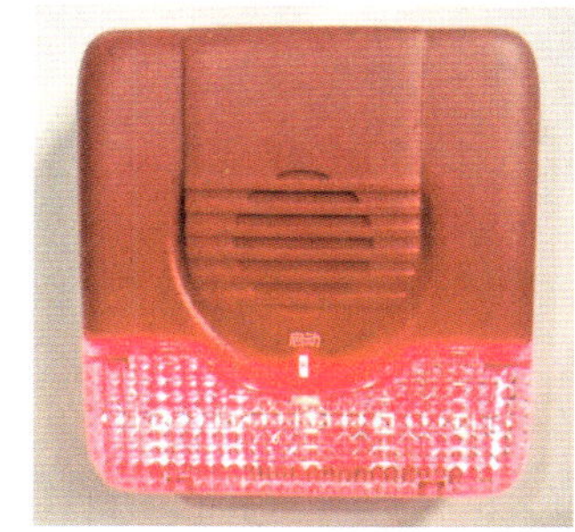

图 1–2–12　火灾声光警报器启动后的工作状态

3. 填写记录

操作完毕后，按规定做好记录。

技能 5：如何模拟测试常见报警触发装置的火警和故障报警功能

本技能以模拟测试区域报警系统中常见报警触发装置的火警和故障报警功能为例。在模拟测试之前，确保连接报警触发装置的区域型火灾报警控制器处于手动控制状态。

1. 模拟测试常见报警触发装置的火灾报警功能

（1）模拟测试点型感烟火灾探测器的火灾报警功能

1）采用感烟探测器功能试验器（试验烟枪、加烟器）持续向点型感烟火灾探测器施加试验烟雾，直至其报警确认灯点亮。

2）查看区域型火灾报警控制器发出的火灾报警提示信息，核查火警部件的地址注释信息是否准确。

点型感烟火灾探测器火灾报警功能模拟测试操作示例如图 1–2–13 所示。

3）吹出点型感烟火灾探测器内的烟雾，复位区域型火灾报警控制器，检查控制器和点型感烟火灾探测器是否恢复正常监视状态。

（2）模拟测试点型感温火灾探测器的火灾报警功能

1）采用感温探测器功能试验器持续向点型感温火灾探测器加温，直至探测器报警确认灯点亮。

2）查看区域型火灾报警控制器发出的火灾报警提示信息，核查火警部件的地址注释信息是否准确。

点型感温火灾探测器火灾报警功能模拟测试操作示例如图 1–2–14 所示。

3）使点型感温火灾探测器周边温度恢复正常，复位区域型火灾报警控制器，检查控制器和点型感温火灾探测器是否恢复正常监视状态。

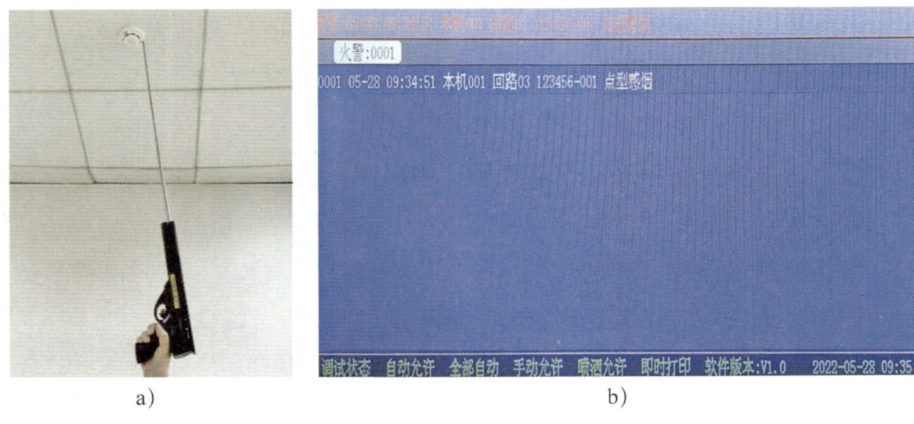

a）　　　　　　　　　　b）

图 1-2-13　点型感烟火灾探测器火灾报警功能模拟测试操作示例

a）施加试验烟雾　b）区域型火灾报警控制器显示火灾报警信息

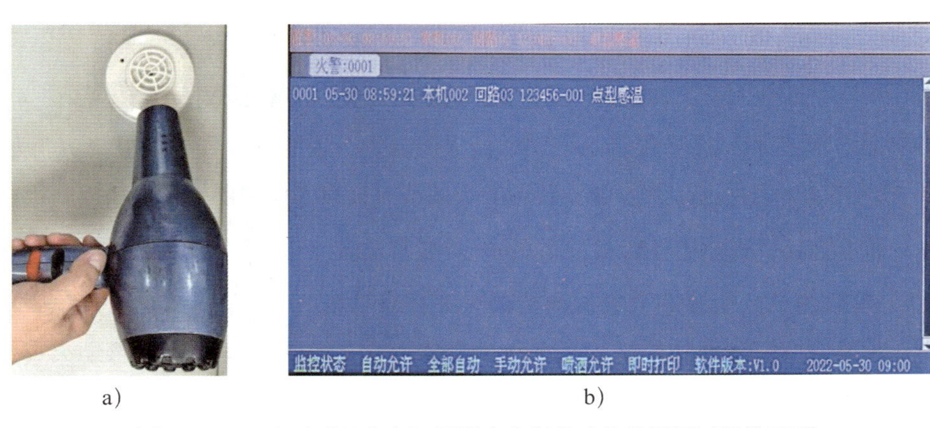

a）　　　　　　　　　　b）

图 1-2-14　点型感温火灾探测器火灾报警功能模拟测试操作示例

a）向探测器加温　b）区域型火灾报警控制器显示火灾报警信息

（3）模拟测试手动火灾报警按钮的火灾报警功能

1）对于玻璃破碎型手动火灾报警按钮，可将专用测试钥匙插入手动火灾报警按钮的测试插孔内，旋至测试位置，直至其报警确认灯点亮；对于可复位型手动火灾报警按钮，可直接按下手动火灾报警按钮上的启动零件，直至其报警确认灯点亮。

2）查看区域型火灾报警控制器发出的火灾报警提示信息，核查火警部件的地址注释信息是否准确。

可复位型手动火灾报警按钮火灾报警功能模拟测试操作示例如图 1-2-15 所示。

3）复位手动火灾报警按钮后，复位区域型火灾报警控制器，检查控制器和手动火灾报警按钮是否恢复到正常监视状态。

2. 模拟测试常见报警触发装置的故障报警功能

以离线故障报警功能测试为例，点型感烟火灾探测器、点型感温火灾探测器和手动火灾报警按钮的故障功能测试方法基本一致。

（1）将常见报警触发装置从其底座上拆除。

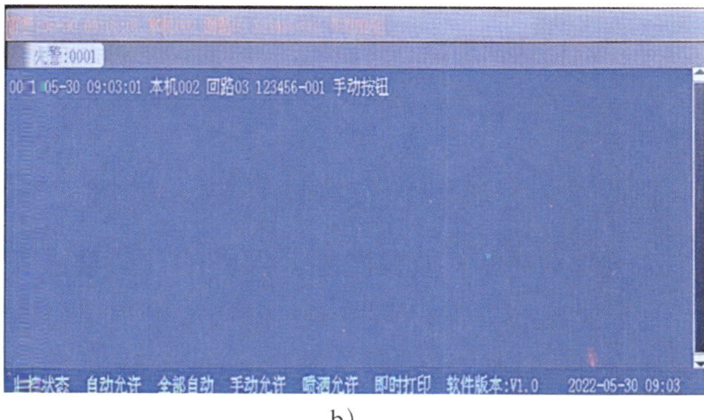

a） b）

图 1–2–15 可复位型手动火灾报警按钮火灾报警功能模拟测试操作示例

a）报警确认灯点亮 b）区域型火灾报警控制器显示火灾报警信息

（2）查看区域型火灾报警控制器发出的故障报警提示信息，核查故障部件的地址注释信息是否准确。

（3）将报警触发装置重新安装回底座上，待区域型火灾报警控制器故障报警自动消除后，检查控制器和该报警触发装置是否恢复到正常监视状态。

点型感烟火灾探测器故障报警功能模拟测试操作示例如图 1–2–16 所示。

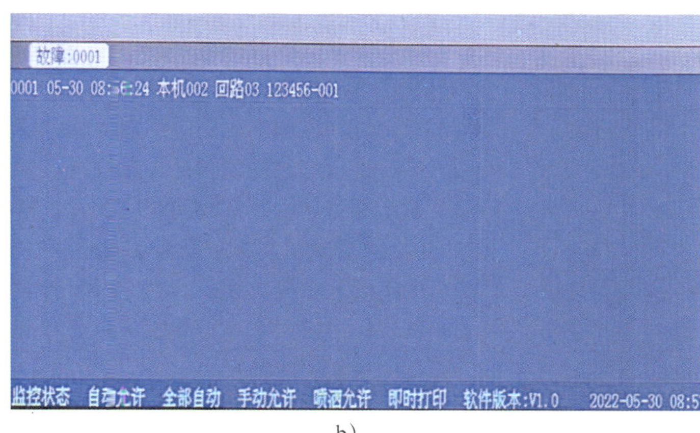

a） b）

图 1–2–16 点型感烟火灾探测器故障报警功能模拟测试操作示例

a）拆除探测器 b）区域型火灾报警控制器显示故障报警信息

3. 填写记录

操作完毕后，按规定做好记录。

第三节 火灾自动报警系统保养

【知识要点】

要点 1：区域型火灾报警控制器的保养

1. 区域型火灾报警控制器保养的一般要求

（1）区域型火灾报警控制器使用或管理单位应根据消防设施使用场所环境及产品保养要求制订保养计划。计划应包括需保养产品的具体名称、保养内容和周期。

（2）区域型火灾报警控制器使用或管理单位应储备一定数量的产品易损件，如打印纸、熔断器等，或与有关产品厂家、供应商签订相关合同，以保证供应。

（3）承担保养的企业应制定保养作业指导书，对保养人员进行相关培训，确保各项保养操作符合产品使用说明书和作业指导书的要求。

（4）实施保养后，应按照《建筑消防设施的维护管理》（GB 25201—2010）规定填写《建筑消防设施维护保养记录表》。

区域型火灾报警控制器的保养内容和方法见表 1–3–1。

表 1–3–1 区域型火灾报警控制器的保养内容和方法

序号	保养内容	保养方法
1	外壳外观	（1）用吹尘器吹掉设备表面的浮尘，用潮湿软布轻轻擦拭表面污垢 （2）发现油漆脱落应及时涂补
2	显示屏、指示灯、喇叭	（1）指示灯和显示屏表面应用潮湿软布擦拭清洁干净 （2）出现指示灯无规则闪烁故障或指示灯、喇叭损坏，应及时更换 （3）显示屏有显示异常的问题应及时修复
3	开关按键	（1）用小毛刷将孔隙内的灰尘和杂质清扫出来，再用吹尘器清理干净 （2）用潮湿软布擦拭表面，确保干净清洁 （3）发现标注的文字、标签脱落应及时恢复
4	打印机	（1）打印纸缺失应补足 （2）打印机走纸不正常或者打印文字不清晰应及时修复
5	接线	（1）发现接线端子有松动时应紧固，确保连接紧密 （2）若有松动痕迹则应采取防潮、防锈措施，如烫锡和涂抹凡士林等 （3）应及时更换锈蚀的螺栓、垫片及配件

2. 区域型火灾报警控制器易损件的更换方法

区域型火灾报警控制器的易损件包括打印纸和熔断器。

（1）区域型火灾报警控制器打印纸的更换方法

区域型火灾报警控制器的打印纸应采用热敏打印纸。热敏打印纸分正反两面，可通过硬物轻划打印纸的两面加以区分，留有黑色划痕的一面为正面即打印面，无黑色划痕的一面为反面。

在更换前需先关闭区域型火灾报警控制器打印机电源，更换时需确认装入的打印纸打印面朝上，并留出一段长度以确保关闭打印机机盖后能露出打印纸。更换完成后需进行打印测试，确认打印机能够正常工作。

热敏打印纸上打印的信息经过一段时间会淡化，因此保存时要注意防潮和避免阳光直射，重要的信息应拍照留存。

（2）区域型火灾报警控制器熔断器的更换方法

熔断器也称为保险管，作为短路和过电流的保护器，起到保护设备安全的作用。熔断器一般安装在区域型火灾报警控制器的电源开关附近，经常以“保险”或“FUSE”标识，同时标注其额定电流。熔断器的额定电流值不应大于区域型火灾报警控制器最大工作电流的 2 倍，当最大工作电流大于 6 A 时，其额定电流值可采用最大工作电流的 1.5 倍。

区域型火灾报警控制器电源熔断器及安装位置示例如图 1–3–1 所示。

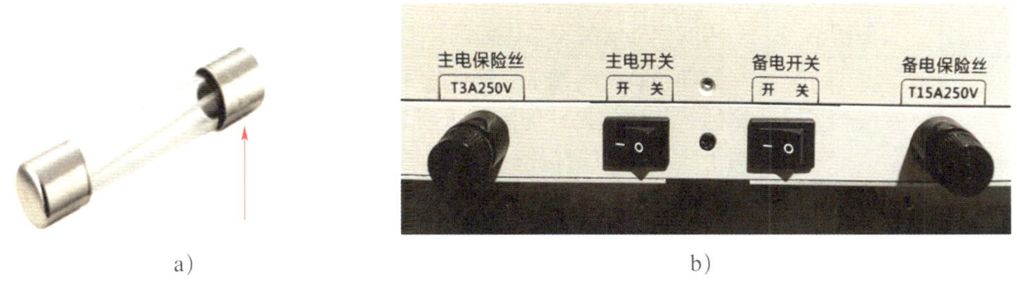

a）　　b）

图 1–3–1　区域型火灾报警控制器电源熔断器及安装位置示例

a）熔断器及其标识位置　b）区域型火灾报警控制器电源熔断器安装位置

更换熔断器前需确认区域型火灾报警控制器电源熔断器的安装位置及其额定电压、电流值，断开需要更换位置的电源后打开熔断器盒，取出旧熔断器后需用万用表测试其通断状态，确认损坏后更换新熔断器。更换完成后需接通对应位置的电源，通过观察区域型火灾报警控制器的状态信息判断熔断器更换是否成功。

要点 2：常见报警触发装置和火灾警报装置的保养

点型感烟、感温火灾探测器、手动火灾报警按钮和火灾警报装置是火灾自动报警系统中的主要构成组件，对其的各项保养操作应符合产品使用说明书和作业指导书的要求。具有报脏功能的探测器，在报脏时应及时清洗保养。没有报脏功能的探测器，应按产品说明书的要求进行清洗保养；产品说明书没有明确要求的，应每 2 年清洗或标定一次。

点型感烟、感温火灾探测器，手动火灾报警按钮保养内容见表 1–3–2。

火灾警报装置保养内容见表 1–3–3。

表 1–3–2　点型感烟、感温火灾探测器，手动火灾报警按钮保养内容

序号	保养内容	保养方法
1	设备外观	检查设备是否有污渍、划痕、磨损
2	表面清洁	用吹尘器吹掉设备表面的浮尘，用潮湿软布轻轻擦拭表面污垢
3	接线端子	定期检查接线端子，接线端子应无松动、无锈蚀现象；接线应无锈蚀；将连接松动的端子重新紧固连接；换掉有锈蚀痕迹的螺钉、端子垫片等接线部件；去除有锈蚀的导线端，烫锡后重新连接
4	火灾报警功能	使点型感烟、感温火灾探测器，手动火灾报警按钮处于报警状态，观察火灾报警控制器指示内容

表 1–3–3　火灾警报装置保养内容

序号	保养内容	保养方法
1	设备外观	检查设备是否有破损现象
2	表面清洁	用吹尘器吹掉设备表面的浮尘，用潮湿软布轻轻擦拭表面污垢
3	接线端子	定期检查接线端子，接线端子应无松动、无锈蚀现象；接线应无锈蚀；将连接松动的端子重新紧固连接；换掉有锈蚀痕迹的螺钉、端子垫片等接线部件；去除有锈蚀的导线端，烫锡后重新连接
4	启动功能	启动火灾警报装置，观察声、光指示正常，并且在其正前方 3 m 水平处使用声级计测量声信号，每个报警区域内的火灾警报装置的声压级应高于背景噪声 15 dB，且不应低于 60 dB，具有语音提示功能的火灾声警报器应具有语音同步功能

【专业技能】

以下各操作技能均针对某特定产品。对于其他厂家和型式的产品，请参照其产品说明书进行。

技能 1：如何清洁维护区域型火灾报警控制器的外表

1. 外壳外观的清洁保养

保养前先断开区域型火灾报警控制器的备用电源，再关闭主电源。检查控制器设备外观是否有破损、锈蚀现象。当设备外观有破损和较大面积锈蚀情况时，应及时更换区域型火灾报警控制器。若无破损、锈蚀现象，应用吹尘器、潮湿软布等吹扫或轻轻擦拭火灾报警控制器表面浮尘。

用吹尘器吹扫区域型火灾报警控制器外表示例如图 1–3–2 所示。

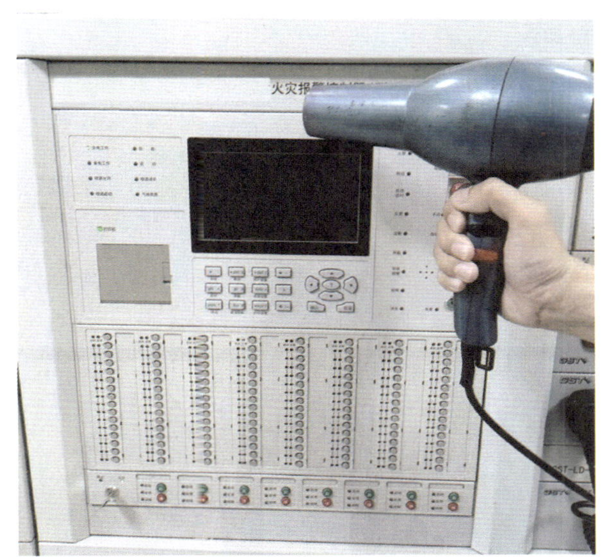

图 1–3–2　用吹尘器吹扫区域型火灾报警控制器外表示例

2. 显示屏、指示灯、喇叭的保养

用吹尘器、潮湿软布等吹扫或轻轻擦拭显示屏、指示灯、喇叭表面的灰尘、污渍；及时更换或维修显示故障，及损坏的显示屏、指示灯、喇叭。

3. 开关按键的保养

用毛刷、吹尘器等清除开关按键表面及缝隙中的灰尘、杂质，并用潮湿软布擦拭开关按键的表面污渍；如开关按键文字、标签已脱落、丢失，应重新安装固定标注的文字、标签。

4. 接线端子的保养

检查控制器的接线端子，重新紧固已松动的接线端子；更换有锈蚀痕迹的端子垫片、螺栓等接线部件；清除锈蚀严重的导线端，烫锡处理后重新接线。

5. 记录

清洁后，观察区域型火灾报警控制器状态是否与清洁前一致，并按规定做好记录。

技能 2：如何更换区域型火灾报警控制器的打印纸

1. 关闭打印机电源。

2. 打开打印机机盖。

打开打印机机盖操作如图 1–3–3 所示。

3. 识别热敏打印纸的打印面，用硬物轻划打印纸的两面，有黑色划痕的为打印面，没有黑色划痕的为反面，如图 1–3–4 所示。

4. 将打印纸打印面朝上放入打印机，拉出一定长度，扣上打印机机盖。

打印纸装配如图 1–3–5 所示。

5. 打印纸更换完毕后，操作区域型火灾报警控制器进行自检，观察打印信息，确认打印纸更换成功。

打印纸更换成功如图 1–3–6 所示。

图 1–3–3　打开打印机机盖操作

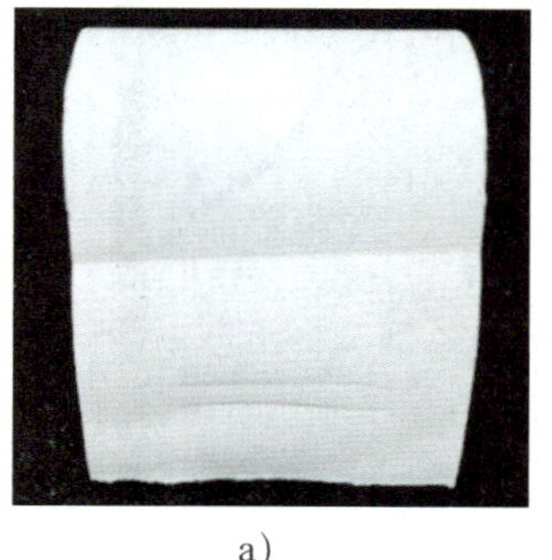

a）

b）

图 1–3–4　识别热敏打印纸的打印面

a）打印面　b）反面

图 1–3–5　打印纸装配

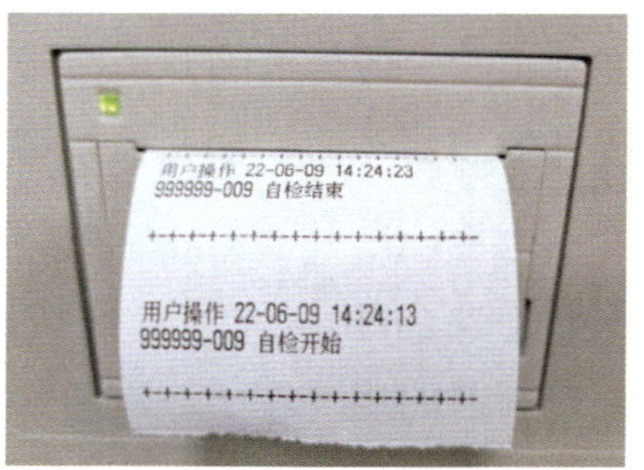

图 1–3–6　打印纸更换成功

6. 填写记录。操作完毕后，按规定做好记录。

技能 3：如何更换区域型火灾报警控制器的熔断器

以更换主电熔断器为例介绍操作步骤，备电熔断器更换方法与主电熔断器更换方法相似。

1. 查看区域型火灾报警控制器电源的工作状态，根据故障信息确定拟更换的熔断器（以主电熔断器故障为例）。

2. 观察区域型火灾报警控制器电源熔断器安装处标注的电压、电流值，结合产品使用说明书要求，选择对应规格的新熔断器。

3. 断开主电源，打开熔断器盒，取出熔断器，如图 1–3–7 所示。

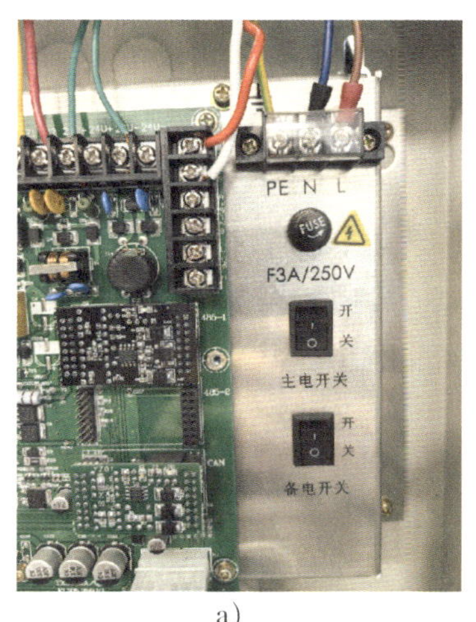

a）

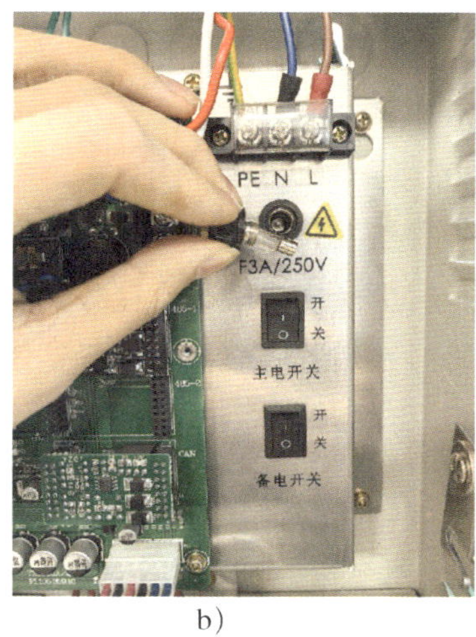

b）

图 1–3–7　取出区域型火灾报警控制器熔断器操作示例

a）断开三电源　b）取出熔断器

4. 用万用表测试旧熔断器的通断情况，确认已损坏后，更换新熔断器，并装回熔断器盒，如图 1–3–8 所示。

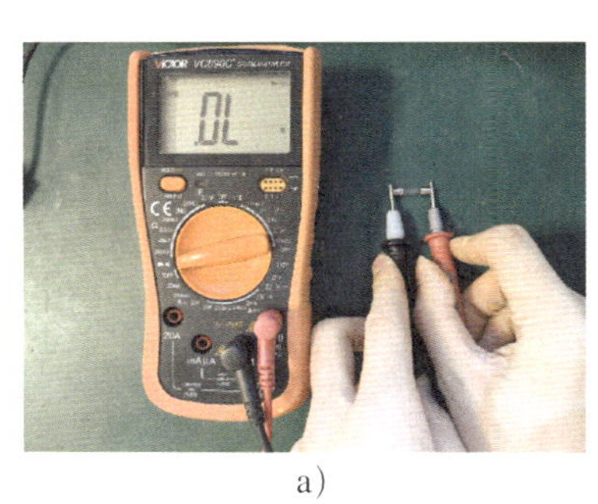

a）

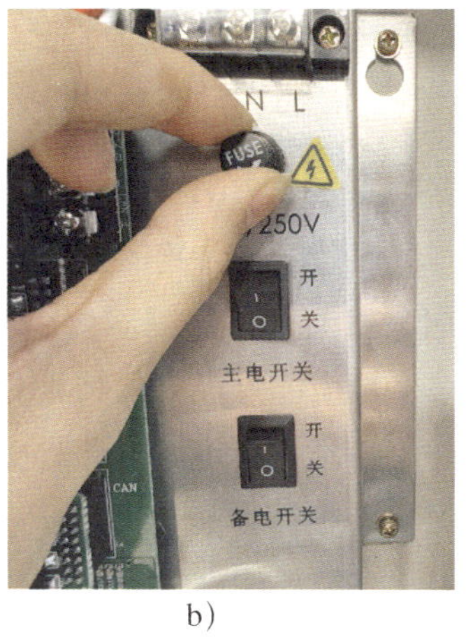

b）

图 1–3–8　更换区域型火灾报警控制器新熔断器操作示例

a）使用万用表确认熔断器已损坏　b）更换新熔断器并装回熔断器盒

5. 接通主电源，查看区域型火灾报警控制器的状态信息，若其主电故障信息消除，则表示主电熔断器更换成功。

6. 更换完毕后，按规定做好记录。

技能 4：如何保养常见报警触发装置和火灾警报装置

1. 保养常见报警触发装置

点型感烟、感温火灾探测器，手动火灾报警按钮等常见报警触发装置的保养步骤基本一致，具体如下。

（1）检查报警触发装置外观是否有污渍、划痕、磨损，如破损严重则需要对其进行更换。

（2）将报警触发装置从其底座上移除，检查接线端子。如有松动应用工具拧紧，如有锈蚀应及时更换接线端子。接线如有锈蚀，要剪掉锈蚀部分，烫锡后重新连接。

常见报警触发装置底座接线端子锈蚀示例如图 1–3–9 所示。

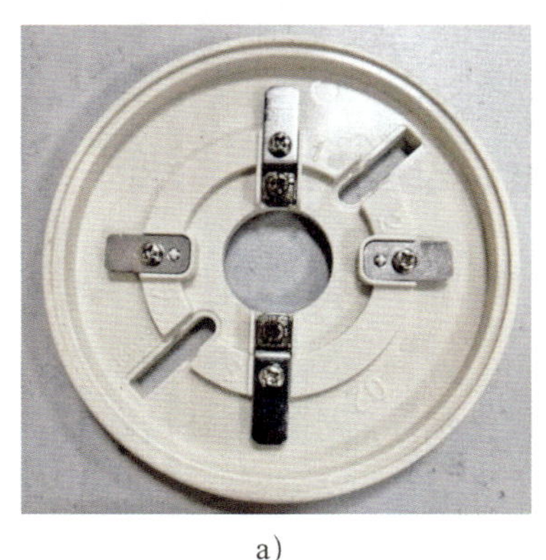

a）

b）

图 1–3–9　常见报警触发装置底座接线端子锈蚀示例
a）探测器底座接线端子锈蚀　b）手动火灾报警按钮底座接线端子锈蚀

（3）根据第一章第二节技能 5 中“模拟测试常见报警触发装置的火灾报警功能”的操作步骤测试报警触发装置的火灾报警功能。

点型感烟、感温火灾探测器：用加烟器、加温器触发点型感烟、感温火灾探测器，探测器报警灯应能点亮并保持常亮，区域型火灾报警控制器应能收到火警信息，测试完毕后，探测器应恢复至正常监视状态，探测器指示灯恢复闪亮状态。

手动火灾报警按钮：按下手动火灾报警按钮，按钮火警指示灯应点亮并保持常亮，区域型火灾报警控制器应能收到火警信息，测试完毕将手动火灾报警按钮复位，按钮火警指示灯熄灭。

（4）用吹尘器吹掉报警触发装置表面的浮尘，用潮湿软布轻轻擦拭其表面污垢，完成其表面清洁。

保养后火灾报警触发装置应能正常工作。

2. 保养火灾警报装置

（1）检查火灾警报装置外观是否有污渍、划痕、磨损。

（2）将火灾警报装置从底座移除，检查接线端子，如有松动应用旋具拧紧，如有锈蚀应及时更换接线端子；火灾警报装置接线如有锈蚀，要剪掉锈蚀部分，烫锡后重新连接。

火灾警报装置底座接线端子锈蚀示例如图 1–3–10 所示。

（3）在区域型火灾报警控制器上启动火灾警报装置，检查所有火灾声警报装置是否同时启动；检查具有语音提示功能的火灾声警报装置在警报声间歇期发出的语音提示是否同步；距离警报装置 3 m 外水平处用声级计测试火灾警报装置的声压级是否高于背景噪声 15 dB，且不低于 60 dB。

声级计测量声光警报器警报声信号强度示例如图 1–3–11 所示。

（4）用吹尘器吹掉火灾警报装置表面的浮尘，用潮湿软布轻轻擦拭其表面污垢，完成其表面清洁。

3. 填写记录

保养完毕后，按规定做好记录。

图 1–3–10　火灾警报装置底座接线端子锈蚀示例

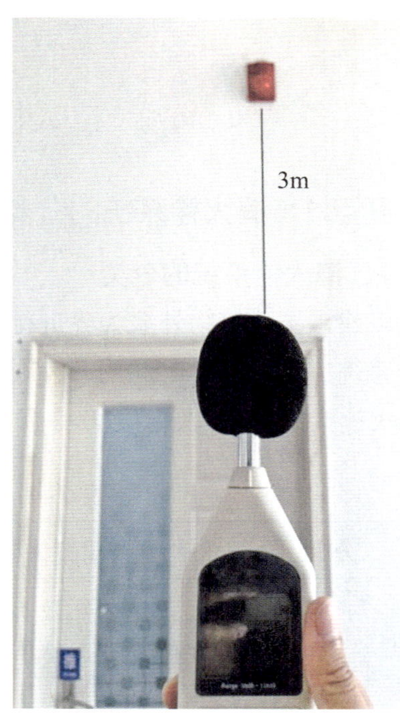

图 1–3–11　声级计测量声光警报器警报声信号强度示例

第二章　消火栓系统

消火栓系统是由供水设施、消火栓、配水管网和阀门等组成的系统。它是一种以水为介质，用于灭火、控火和冷却防护等功能的消防系统，在扑救、控制建（构）筑物火灾时，因其性能可靠、操作简单、成本低廉而成为使用最普遍的消防设施。

本章共有两节内容。消防设施操作员应能正确掌握消火栓系统操作、保养的相关知识要点和专业技能。

第一节　消火栓系统操作

【知识要点】

要点 1：消火栓系统的分类及组成

1．消火栓系统的分类

以建（构）筑物外墙为界进行划分，消火栓系统分为室外消火栓系统和室内消火栓系统（见表 2–1–1）。其中室外消火栓系统通常又分为市政消火栓系统和建筑室外消火栓系统，实物如图 2–1–1 所示。

表 2–1–1　消火栓系统的分类

分类		设置位置	组成	用途
室外消火栓系统	市政消火栓系统	设置在市政道路一侧或两侧的市政给水管网上	由市政给水管网或室外消防给水管网、消防水源、消防供水设施及室外消火栓灭火设施等组成	供消防车取水；直接或经增压后向建筑内的供水管网供水实施灭火，也可以直接连接水带、水枪出水灭火
	建筑室外消火栓系统	设置在建（构）筑物外或储罐区、堆场等周边		

续表

分类	设置位置	组成	用途
室内消火栓系统	设置在建（构）筑物内	由消防水源、消防供水设施、消防给水管网、室内消火栓灭火设施、报警控制设备及系统附件等组成	扑救建（构）筑物内火灾

a）

b）

c）

图 2–1–1　室外消火栓系统

a）市政消火栓系统　b）建筑室外消火栓系统（地上式）　c）建筑室外消火栓系统（地下式）

一般而言，以配水管网内平时是否充水进行划分，分为湿式消火栓系统和干式消火栓系统，其中，室外消火栓一般应采用湿式消火栓系统，室内消火栓根据需要采用湿式或干式消火栓系统。

以高层建筑为例，其室内外消火栓系统组成如图 2–1–2 所示。

2. 室外消火栓的分类

室外消火栓是室外消火栓给水系统的重要组成部分，是与供水管路连接，由阀、出水口和栓体等组成的消防供水（或泡沫混合液）装置。室外消火栓的常见分类方式如下。

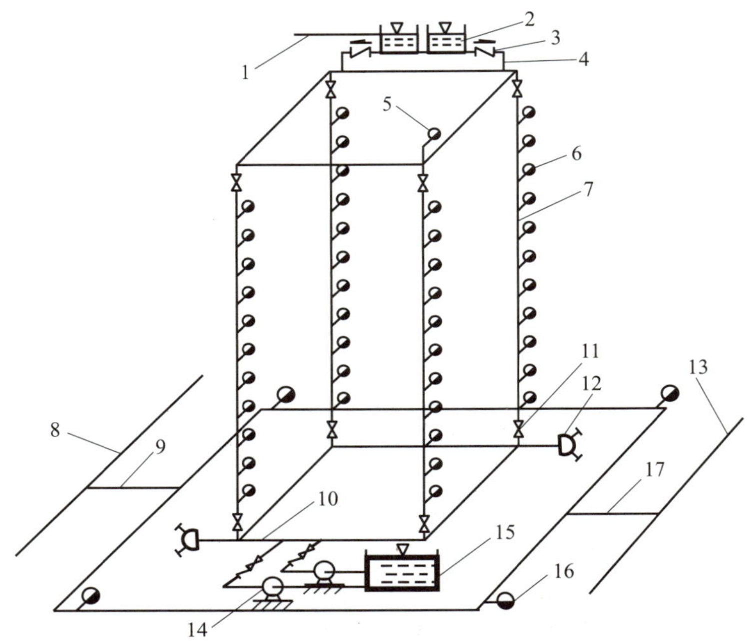

图 2-1-2　高层建筑室内外消火栓系统的组成

1—进水管　2—消防水箱　3—止回阀　4—出水管　5—屋顶试验消火栓　6—室内消火栓
7—消防竖管　8、13—市政管网　9、17—进户管　10—水平干管　11—阀门
12—水泵接合器　14—消防水泵　15—消防水池　16—室外消火栓

（1）按照安装场合的不同，室外消火栓分为地上式、地下式、折叠式。常见的地上式、地下式室外消火栓如图 2-1-1 所示。

（2）按照进水口连接形式的不同，室外消火栓分为承插式、法兰式。

（3）按照用途的不同，室外消火栓分为普通型、特殊型，特殊型又分为泡沫型、防撞型、减压稳压型。

3. 室内消火栓的分类

室内消火栓是与室内消防给水管路连接，由室内消防给水网管向火场供水的带有阀门的接口，主要由阀体、阀盖、阀杆、阀杆螺母、阀瓣、阀座、手轮固定接口、手轮等组成。室内消火栓通常安装在消火栓箱内，与消防水枪、消防水带以及消防软管卷盘等配套使用，是扑救建筑火灾常用的固定消防设施之一。室内消火栓箱如图 2-1-3 所示。

（1）按照出水口型式的不同，室内消火栓分为单出口室内消火栓、双出口室内消火栓。

（2）按照栓阀数量的不同，室内消火栓分为单阀室内消火栓、双阀室内消火栓。

a)

b)

图 2–1–3 带消防软管卷盘的室内消火栓箱

a）单栓带消防软管卷盘组合式消火栓箱 b）单栓带消防软管卷盘消火栓箱

（3）按照结构型式的不同，室内消火栓分为直角出口型、45° 出口型、旋转型、减压型、旋转减压型、减压稳压型、旋转减压稳压型、异径三通型。

要点 2：室外消火栓给水系统的工作原理

不同类型的室外消火栓给水系统的工作原理不尽相同，根据管网内平时的工作压力高低和灭火时是否要加压分为高压、临时高压和低压消防给水系统。

1. 高压消防给水系统

室外高压消防给水系统是指消火栓给水管网能始终保持满足室外消火栓灭火设施所需的工作压力和流量，火灾时无须消防车或消防水泵直接加压的供水系统。火灾发生时，扑救人员可利用接上室外消火栓出水口的消防水带、水枪直接灭火。

2. 临时高压消防给水系统

室外临时高压消防给水系统是指消火栓给水管网平时不能满足室外消火栓灭火设施所需的工作压力和流量，火灾时能通过启动消防水泵以满足水灭火设施所需的工作压力和流量的供水系统。火灾发生时，启动消防水泵使给水管网内水压达到工作压力，扑救人员可利用接上室外消火栓出水口的消防水带、水枪进行灭火。

3. 低压消防给水系统

室外低压消防给水系统是指消火栓给水管网能满足车载或手抬移动消防水泵等取水所需的工作压力和流量的供水系统，其系统工作压力应大于或等于 0.6 MPa。火灾发生时，由消防车或其他移动式消防水泵提供消防水枪的灭火工作压力。

要点 3：室内消火栓给水系统的工作原理

1. 湿式、干式室内消火栓系统的选择

室内环境温度不低于 4 ℃，且不高于 70 ℃的场所，应采用湿式室内消火栓系统。室内环境温度低于 4 ℃或高于 70 ℃的场所，宜采用干式室内消火栓系统。

干式室内消火栓系统的充水时间不应大于 5 min，并应符合下列规定：

（1）在供水干管上宜设干式报警阀、雨淋阀、电磁阀或电动阀等快速启闭装置，当采用电动阀时开启时间不应超过 30 s；

（2）当采用雨淋阀、电磁阀和电动阀时，在消火栓箱处应设置直接开启快速启闭装置的手动按钮；

（3）在系统管道的最高处应设置快速排气阀。

2. 室内临时高压消火栓系统的工作原理

按照管网水压的不同，室内消火栓系统分为室内临时高压消防给水系统和室内高压消防给水系统，根据工程实际应用，室内消火栓系统最常采用的是临时高压消防给水系统。系统设置的高位消防水箱能满足室内消火栓灭火设施初期火灾消防用水量和最不利点处静水压力的要求。火灾发生时，扑救人员可利用接上消火栓栓口的消防水带、水枪直接灭火。同时按下消火栓箱内的消火栓按钮向消防控制中心报警，系统设置的消防水泵出水干管上的低压压力开关、高位消防水箱出水管上的流量开关应能直接启动消火栓泵。室内消火栓泵的启动还可通过消防控制室、水泵房现场实现，但室内消火栓泵一旦启动后便只能由现场手动控制停泵。

要点 4：消防软管卷盘、轻便消防水龙的组成

1. 消防软管卷盘

消防软管卷盘是由阀门、输入管路、卷盘、软管和喷枪等组成，并能在迅速展开软管的过程中喷射灭火剂的灭火器具。它普遍用于扑救 A 类火灾，即木质、棉麻织物等物质初起的火灾，常用的灭火剂有水、干粉、泡沫等。

消防软管卷盘如图 2-1-4 所示。

2. 轻便消防水龙

轻便消防水龙是在自来水或消防供水管路上使用的，由专用接口、水带及喷枪组成的一种小型轻便的喷水灭火器具。轻便消防水龙一般应配置公称直径 25 cm 有内衬里的消防水带，长度宜为 30 m。

轻便消防水龙如图 2-1-5 所示。

a）

b）

图 2-1-4 消防软管卷盘

a）泡沫消防软管卷盘 b）消防软管卷盘箱

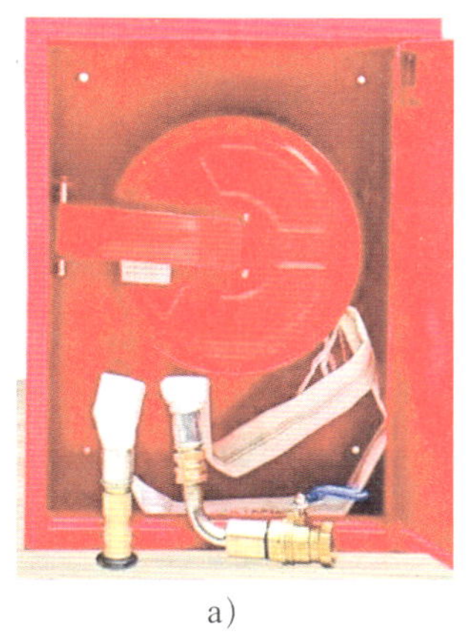

a）

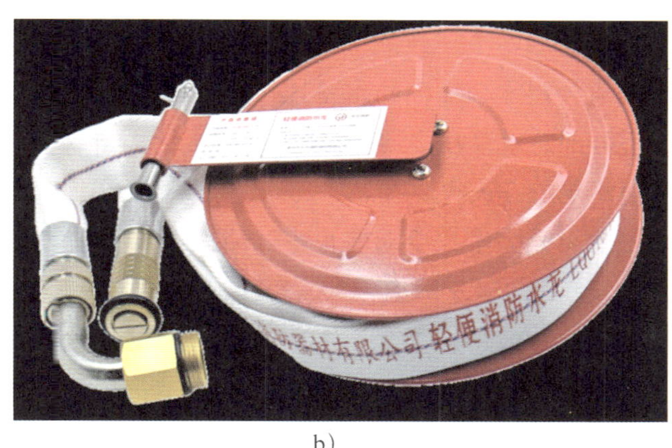

b）

图 2-1-5 轻便消防水龙

a）轻便消防水龙箱 b）轻便消防水龙

【专业技能】

技能 1：如何使用室外消火栓灭火

做好灭火前准备工作后，按照室外消火栓系统不同给水方式进行灭火操作。

1. 市政管网供水的室外消火栓灭火操作步骤如图 2-1-6 所示。

（1）迅速将消防水带铺开、拉直、理顺、连接，如图 2-1-6a 所示，避免因打结、折弯影响水流通过。

（2）快速将消防水枪与消防水带连接，应旋接到底确保连接牢靠，如图 2-1-6b

所示。

（3）打开室外消火栓的一个公称直径为 65 mm 的出水口闷盖，同时确定其他出水口处于关闭状态，如图 2–1–6c 所示。

（4）正确连接消防水带与室外消火栓出水口，保证室外消火栓能完好出水，如图 2–1–6d 所示。

（5）所有连接完成后，用室外消火栓扳手逆时针旋转螺杆至最大位置，完全打开室外消火栓出水阀，如图 2–1–6e 所示。此时，应握紧消防水枪，对准火焰根部喷水灭火。

（6）灭火完毕，拧紧室外消火栓（室外消火栓设有自动排水阀，关闭后能自动将栓内残余水排出，以防因结冰损坏栓体）。将消防水带冲洗干净，于阴凉干燥处晾干后整理好归位，如图 2–1–6f 所示。

2. 采用消防泵组供水的室外消火栓灭火操作步骤如下。

（1）应确认室外消火栓水泵、消防水泵控制柜处于正常（自动）工作状态。

（2）按照本节“技能 1”—“1.”中的（1）~（5）步骤将消防水带两端分别与室外消火栓出水口、消防水枪连接好，操作完成后，接着触发室外消火栓泵启泵按钮，室外消防水泵在接到启泵信号 2 min 之内自动启动，使消防水枪出水的工作压力和流量满足持续灭火要求。

（3）灭火完毕，手动停止室外消火栓泵工作，将室外消火栓泵启泵按钮、控制柜复位至正常（自动）工作状态，拧紧室外消火栓，冲洗干净消防水带，于阴凉干燥处晾干后整理好归位。

注意：操作中发现接口处渗漏，或消火栓箱内消防器材缺失、损坏等情况时，应及时增补、维修。

a)

图 2-1-6 市政管网供水的室外消火栓灭火操作步骤

a）铺设水带 b）连接消防水枪和消防水带 c）打开出水口闷盖 d）消防水带与室外消火栓出水口连接 e）逆时针旋转螺杆至最大位置 f）拧紧室外消火栓，整理消防水带

技能 2：如何使用室内消火栓灭火

做好灭火前准备工作后，按照室内消火栓系统的不同给水方式进行灭火操作（注意：灭火前切记先切断电源再进行灭火）。

1. 在单、多层建（构）筑物中，室内消火栓系统通过室外消防给水管网直接给水的方式居多，灭火操作步骤如下。

（1）发生火灾时，迅速打开消火栓箱门。若消火栓箱门为玻璃门，紧急时可将其击碎。

（2）拉出消防水带并在地面上铺平展开，切勿出现打结、折弯等情况。

（3）将消防水带接口一端与消火栓接口顺时针旋转拧紧，确保连接密实。

（4）取出消防水枪，与消防水带另一端顺时针旋转拧紧，确保连接密实。

（5）将室内消火栓手轮逆时针方向旋开后，奔向起火点，双手紧握水枪，对准火焰根部喷水灭火。

（6）灭火完毕，顺时针关闭室内消火栓手轮，冲洗干净消防水带，于阴凉干燥处晾干后整理好归位。

2. 在建（构）筑物中，设置消防水泵及消防水箱的给水方式是室内消火栓系统最常用的一种供水方式。以建（构）筑物内无火灾自动报警系统为例（消火栓按钮直接启动消防泵），灭火操作步骤如图 2–1–7 所示。

（1）确认室内消火栓水泵、消火栓泵控制柜处于正常（自动）工作状态（见图 2–1–7a）。

（2）发生火灾时，迅速打开消火栓箱门，如图 2–1–7b 所示。若消火栓箱门为玻璃门，紧急时可将其击碎。

（3）按下消火栓箱内的消火栓按钮，启动消防泵，如图 2–1–7c 所示。

（4）拿出消防水带并在地面上铺平展开，切勿出现打结、折弯等情况，如图 2–1–7d 所示。

（5）将消防水带接口一端与消火栓接口顺时针旋转拧紧，确保连接密实，如图 2–1–7e 所示。

（6）取出消防水枪，与消防水带另一端顺时针旋转拧紧，确保连接密实，如图 2–1–7f 所示。

（7）将室内消火栓手轮按逆时针方向旋开后（见图 2–1–7g），奔向起火点，双手紧握水枪，对准火焰根部喷水灭火，如图 2–1–7h 所示。

（8）室内消火栓水泵在接到启泵信号 2 min 之内自动启动，使消防水枪出水的工作压力和流量满足持续灭火要求，如图 2–1–7i 所示。

（9）灭火完毕，手动停止室内消火栓泵工作，将消火栓按钮、消火栓泵控制柜

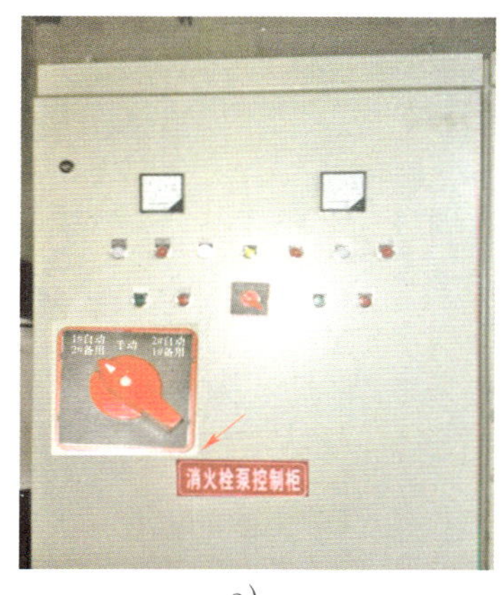

a)

b)

c)

d)

e)

f）

g）

h）

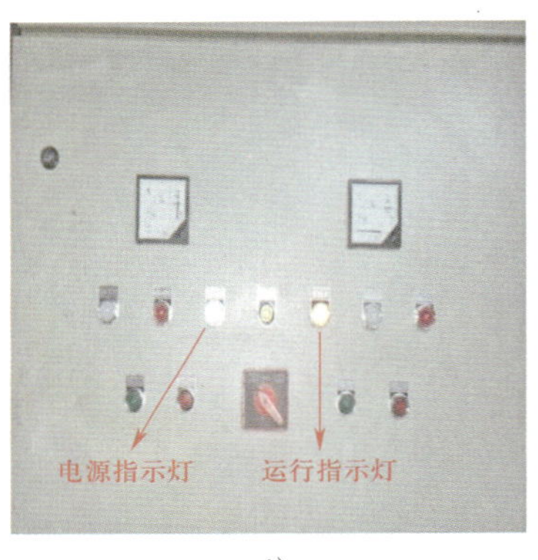

i）

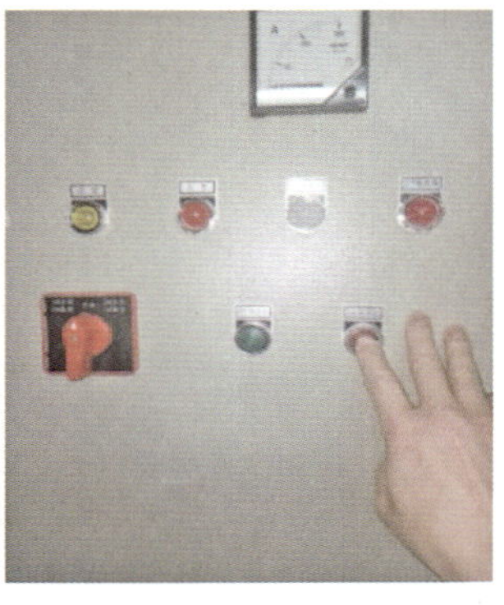

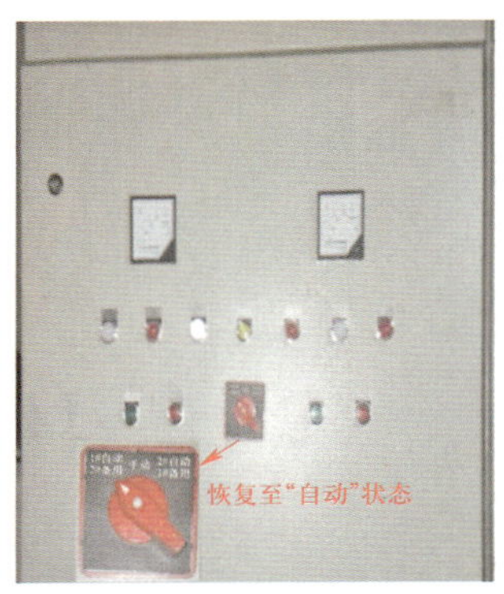

j）

k）

图 2–1–7　室内消火栓灭火操作步骤

a）消火栓泵控制柜处于"自动"状态　b）打开消火栓箱门　c）按下消火栓按钮，启动消防泵
d）拿出消防水带铺平展开　e）将消防水带接口与消火栓接口连接　f）将消防水枪与消防水带接口连接
g）将室内消火栓手轮按逆时针方向旋开　h）对准火焰根部灭火　i）室内消火栓水泵启动
j）消火栓按钮、消火栓泵控制柜复位　k）关闭消火栓、整理消防水带

复位至正常（自动）工作状态，如图 2–1–7j 所示。

（10）关闭室内消火栓，冲洗干净消防水带，于阴凉干燥处晾干后整理好归位，如图 2–1–7k 所示。

技能 3：如何使用消防软管卷盘灭火

消防软管卷盘扑救初起火灾操作步骤如下。

1. 发生火灾时，迅速打开消火栓箱门。若消火栓箱门为玻璃门，紧急时可将其击碎。

2. 若消火栓箱内有消火栓按钮，应立即按下消火栓按钮发出报警信号。

3. 打开软管与室内消防给水管道连接处的阀门，从卷盘上拉出消防软管。

4. 拉开卷盘上消防软管，奔至起火点附近后打开喷枪的开关，喷水灭火。

5. 灭火完毕，关闭消防给水管道阀门，排空消防软管内余水后关闭喷枪阀门，在阴凉干燥处晾干后整理好归位。若按下了消火栓按钮，应及时复位。

技能 4：如何使用轻便消防水龙灭火

轻便消防水龙扑救初起火灾操作步骤如下。

1. 发生火灾时，迅速打开消火栓箱门。若消火栓箱门为玻璃门，紧急时可将其击碎。

2. 若消火栓箱内有消火栓按钮，应立即按下消火栓按钮发出报警信号。

3. 打开水龙与自来水或消防供水管路连接处的阀门，从卷盘上拉出轻便消防水龙。

4. 拉开卷盘上的轻便消防水龙，奔至起火点附近后打开喷枪的开关喷水，对准火焰根部灭火。

5. 灭火完毕，关闭管道阀门，排空轻便消防水龙内余水后关闭喷枪阀门，在阴凉干燥处晾干后整理好归位。若按下了消火栓按钮，应及时复位。

第二节　消火栓系统保养

【知识要点】

要点 1：消火栓系统管道、阀门的保养

消火栓系统管道、阀门的保养应符合表 2-2-1 的要求。

表 2-2-1　消火栓系统管道、阀门的保养

序号	保养内容	技术要求
1	工作环境	（1）防冻保温措施完好有效 （2）四周无影响使用、损坏管道和阀门的杂物堆积
2	外观	（1）外观标识清晰，无锈蚀、机械损伤等，系统上所有的阀门均应使用铅封或锁链固定在开启或规定状态 （2）消火栓系统管道、阀门应无渗漏 （3）每天应对水源控制阀、报警阀组进行外观检查，并应保证其处于无故障状态 （4）每月对所有控制阀门的铅封、锁链进行一次检查，当有破坏或损坏时应及时修理更换
3	功能检查	（1）检查、测试消火栓系统上各阀门的开启、关闭功能应正常 （2）每月检查管道的固定应牢固、可靠、不松动 （3）雨淋阀的附属电磁阀应每月检查并应做启动试验，动作失常时应及时更换

续表

序号	保养内容	技术要求
3	功能检查	（4）每月应对电动阀、电磁阀的供电和启闭性能进行检测，保证功能正常 （5）在市政供水阀门处于完全开启状态时，每月应对倒流防止器的压差进行检测，并应符合国家现行标准的有关规定 （6）每个季度应对进水管上的控制阀门检查一次，核实其开启状态 （7）每季度应对系统所有报警阀的放水试验阀进行一次放水试验，并应检查系统启动、报警功能以及出水情况是否正常

要点 2：室外消火栓、室内消火栓箱及消防水枪、消防水带的保养

室外消火栓的保养应符合表 2-2-2 的要求。

表 2-2-2　室外消火栓的保养

序号	保养内容	技术要求
1	工作环境	（1）入冬前应核查室外消火栓的防冻保温设施是否完好有效 （2）定期检查清理室外消火栓前端阀门井、地下式室外消火栓井，消除堆、挡、埋、压等现象，清除井内杂物
2	外观	（1）室外消火栓应有明确的标识 （2）各连接部位应无渗漏和影响正常使用的损伤，排放余水装置功能正常 （3）栓体外表油漆无脱落，组件无缺失、锈蚀、龟裂、划伤、碰伤，如有上述情况应及时补齐修理 （4）应检查橡胶密封件有无损坏、老化、丢失等情况，出水口闷盖是否密封无缺损，如有上述情况应及时修复 （5）每季度应对消火栓进行一次外观和漏水检查，发现有无法正常使用的应及时更换
3	功能检查	（1）检查消火栓螺杆转动应灵活可靠，根据需要加注润滑油 （2）每年应对室外消火栓逐一进行出水试验

室内消火栓箱、消防水枪、消防水带的保养应符合表 2–2–3 的要求。

表 2–2–3　室内消火栓箱、消防水枪、消防水带的保养

序号	保养内容	技术要求
1	工作环境	消火栓箱四周应确保无影响消火栓使用的障碍物
2	外观	（1）消火栓箱部件外观应无破损或裂纹，涂层应未脱落，无渗漏现象，箱门玻璃完好齐全 （2）室内消火栓、消防水枪、消防水带、供水闸阀等配件应全部完好齐全，无锈蚀、破损、漏水，接口垫圈、密封圈均应完整无缺 （3）消防水枪螺纹完好无缺牙，表面无可能引起渗漏的裂纹孔眼等 （4）消防水带织物层应无跳双经、断双经、跳纬及划伤现象；水带衬里（或外覆层）的厚度应均匀，表面光滑平整无折皱；衬里（或外覆层）间无黏附现象等缺陷 （5）每季度应对消火栓进行一次外观和漏水检查，发现有无法正常使用的应及时更换
3	功能检查	（1）检查室内消火栓及各种阀门的转动机构是否灵活，不应有卡阻、松动，箱内消防软管卷盘应转动自如 （2）对消火栓、供水阀门及转动轴等所有转动部位应定期加注润滑油 （3）报警控制线路、指示灯、消火栓按钮均应完好无损、功能正常

要点 3：消防软管卷盘和轻便消防水龙的保养

消防软管卷盘的保养应符合表 2–2–4 的要求。

表 2–2–4　消防软管卷盘的保养

序号	保养内容	技术要求
1	工作环境	消防软管卷盘四周应确保无影响使用的障碍物
2	外观	（1）卷盘表面应无锈蚀损坏、起层剥落现象 （2）软管卷盘密封性能应良好，任何部位均不能有渗漏现象；软管缠绕轴应无明显变形，其他部位不应有影响正常使用的变形和脱落现象 （3）软管应无影响正常使用的破裂、异形、卷曲、局部隆起等，软管的规格、内径、长度应符合产品规定要求 （4）每季度应对软管卷盘进行一次外观和漏水检查，发现有无法正常使用的应及时更换

续表

序号	保养内容	技术要求
3	功能检查	（1）检查测试软管卷盘转动性能，应保证转动良好不卡阻 （2）检查喷枪开关转换功能是否良好，不应有影响正常使用的变形或断裂现象 （3）对消防软管卷盘的转动机构应定期加注润滑油

轻便消防水龙的保养应符合表 2–2–5 的要求。

表 2–2–5 轻便消防水龙的保养

序号	保养内容	技术要求
1	工作环境	轻便消防水龙四周应确保无影响使用的障碍物
2	外观	（1）水带织物层应编织均匀，表面整洁，无跳双经、断双经、跳纬及划伤现象；水带衬里（或外覆层）的厚度应均匀，表面应光滑平整、无折皱；衬里（或外覆层）间应无黏附现象等其他缺陷 （2）金属件不应有影响正常使用的结疤、裂纹及砂眼现象 （3）水龙密封性能应良好，任何部位均不能有渗漏、变形和脱落 （4）接口和喷枪螺纹部分无缺牙，表面应光洁，不应有影响正常使用的裂纹、断裂和变形现象 （5）每季度应对轻便消防水龙进行一次外观和漏水检查，发现有无法正常使用的应及时更换
3	功能检查	（1）检查喷枪开关转换功能是否良好，不应有影响正常使用的变形或断裂现象 （2）对轻便消防水龙的转动机构应定期加注润滑油

【专业技能】

技能 1：如何保养消火栓系统管道、阀门、室外消火栓和室内消火栓箱体

在进行具体保养工作之前应熟悉相关资料，准备专用保养工具。

1. 检查消火栓系统管道，如发现渗漏、机械损伤，则应及时补漏或更换管道；如发现锈蚀，则应及时除锈、刷防锈漆；如发现管道松动、脱落，则应及时修缮加固。

2. 检查阀门，如发现渗漏，则应及时更换密封圈；如发现铅封、锁链损坏丢失，则应及时更换添加。

3. 检查供水阀门启闭情况，常开阀是否处于完全开启状态，常闭阀是否处于完全关闭状态。

4. 检查室外消火栓。如发现消火栓螺杆锈涩卡阻，则加注润滑油；如发现连接部位有渗漏损伤，橡胶密封件损坏老化，则及时更换；如发现组件缺失、锈蚀，防冻措施不好，则应及时补全、修理。

5. 检查各类阀门和消火栓箱门栓转动机构，如发现卡阻不灵活，则应加注润滑油；如发现损坏，则应及时更换。

6. 检查消火栓箱体，如发现箱体残损变形、箱门玻璃缺失、消防水枪及消防水带缺失，则应及时修补更换。

7. 检查过程中，如发现消火栓系统管道、阀门，以及室外消火栓、消火栓箱周围的物品影响消火栓系统的正常工作和使用，则应及时清理。

8. 保养完毕后，按规定做好记录。

技能 2：如何保养消防水枪、消防水带、消防软管卷盘

在进行具体保养工作之前应熟悉相关资料，准备专用保养工具。

1. 检查消防水枪、消防水带，如发现缺失、腐蚀、破损、密封垫圈老化、漏水和接口卡箍松动，则应及时增补、修复、更换。

2. 检查消防水枪，如发现螺纹有缺牙或表面有裂纹孔眼，则应及时更换。

3. 检查消防水带，如发现织物层跳双经、断双经、跳纬及划伤，或者水带有折皱以及衬里（或外覆层）间有黏附现象影响正常使用的，或者卷绕方法不正确，则应及时更换、复位。

4. 检查消防软管卷盘，如发现组件缺失、卷盘锈蚀、变形破损、接口损坏、转动卡阻，则应及时增补、修复、更换。

5. 检查软管，如发现软管粘连变形影响出水，或开裂、老化漏水影响使用，则应及时更换。

6. 检查喷枪，如发现变形、断裂、开关故障，或者螺纹缺牙、表面有裂纹孔眼，则应及时更换或修复。

7. 在额定工作压力下进行喷射检查，如发现各连接部位松动、消防水枪漏水、消防水带裂开、软管老化破裂、供水管路泄漏，则应及时修复更换。

8. 保养完毕后，按规定做好记录。

技能 3：如何保养轻便消防水龙

在进行具体保养工作之前应熟悉相关资料，准备专用保养工具。

1. 检查箱体及水带、接口、喷枪等组件外观，如发现组件缺失、腐蚀、损坏裂

纹、涂层脱落、箱门破损、变形脱落、接口损坏、密封垫圈老化，则应及时增补、更换、修复。

2. 检查喷枪，如发现变形、断裂、开关故障，或者螺纹缺牙、表面有裂纹孔眼，则应及时更换或修复。

3. 检查水带，如发现织物层跳双经、断双经、跳纬及划伤，或者水带有折皱以及衬里（或外覆层）间有黏附现象影响正常使用的，或者卷绕方法不正确，则应及时更换、复位。

4. 在额定工作压力下进行喷射检查，如发现各连接部位松动、接口漏水、水带裂开、供水管路泄漏，则应及时修复更换。

5. 保养完毕后，按规定做好记录。

第三章　消防供水设施

消防供水设施是消防给水系统的重要组成部分，主要是指向消防给水系统管网提供灭火水源并确保所需流量和压力的设施，对室内外消防给水系统供水安全具有至关重要的作用。消防供水设施通常包括消防水泵、消防水池、高位消防水箱、气压给水设备、增压稳压设备、消防水泵结合器等。

本章共有三节内容。消防设施操作员应能正确掌握消防供水设施监控、操作、保养的知识要点和专业技能。

第一节　消防供水设施监控

【知识要点】

要点 1：阀门的种类

阀门是指在流体输送系统中用来控制流体的方向、压力、流量的装置。阀门一般由阀体、阀盖、阀座、启闭件（如阀瓣、塞体、闸板、蝶板和隔膜等）、驱动机构（阀杆和带动它运动的阀门驱动装置）、密封件（如填料、垫片等）和紧固件等构成。阀门通常依靠驱动机构或流体使启闭件做升降、滑移、旋摆或回转运动，从而改变流道面积的大小以实现其控制功能。

在室内外消防给水系统中，阀门是不可或缺的重要部件。阀门品种和规格繁多，参照《消防给水及消火栓系统技术规范》（GB 50974—2014）相关内容，本教材主要介绍消防给水系统中常用的闸阀、蝶阀、消防自动排气阀、止回阀和减压阀等阀门。

1. 闸阀

闸阀作为一种常见阀门，其启闭件是闸板。闸板由阀杆带动，在垂直流体方向的平面上做升降运动，并通过闸板和阀座接触进行密封，类似闸门一样截断管道中的流体，所以称为闸阀。闸阀的种类见表 3–1–1，其常用驱动方式有手动、电动、气动和液压。

表 3–1–1　闸阀的种类

分类方式	类型名称
按密封面配置	楔式闸板式闸阀和平行闸板式闸阀
按阀杆的螺纹位置	明杆闸阀和暗杆闸阀
按进出口连接方式	螺纹连接闸阀、法兰连接闸阀、对夹连接闸阀、卡箍连接闸阀（沟槽连接闸阀）和卡套连接闸阀

闸阀普遍适用于各种室内外消防给水系统管网中。当设置在阀门井内时可采用耐腐蚀的明杆闸阀（见图 3–1–1a）；当安装在室外埋地敷设的管道上时，埋地管道的阀门宜采用带启闭刻度的暗杆闸阀（见图 3–1–1b）；当安装在室外架空敷设的管道上时，宜采用带启闭刻度的暗杆闸阀或耐腐蚀的明杆闸阀；当安装在室内架空敷设的管道上时，宜采用明杆闸阀或带启闭刻度的暗杆闸阀；当消防水泵吸水管上设置阀门时，应采用明杆闸阀、设有开启刻度和标志的暗杆闸阀及带自锁装置的蝶阀三种，当管径超过 DN300 时，宜设置电动阀门；当在消防水泵的出水管上设置阀门时，应采用明杆闸阀及带自锁装置的蝶阀，当管径大于 DN300 时，宜设置电动阀门。稳压泵吸水管和出水管上设置的阀门均应采用明杆闸阀。

明杆闸阀与暗杆闸阀在工作状态上的区别为：明杆闸阀也称为升降杆闸阀，开启时可以看到阀杆逐渐上升，通过阀杆上升幅度可以判断闸阀开启程度，并可以通过阀杆位置判断阀门是处于开启状态还是关闭状态；暗杆闸阀开启时，阀杆只做旋转运动，没有上下升降的动作，开关过程中外观没有任何变化，从外观上看不出闸阀的开关状态。

2. 蝶阀

蝶阀又叫作翻板阀，是一种结构简单、体积小、重量轻的调节阀。它是以关闭件（阀瓣或蝶板）为圆盘，围绕阀轴旋转来实现开启与关闭的一种阀，在管道上主要用于切断和节流。蝶阀的种类见表 3–1–2。

a）

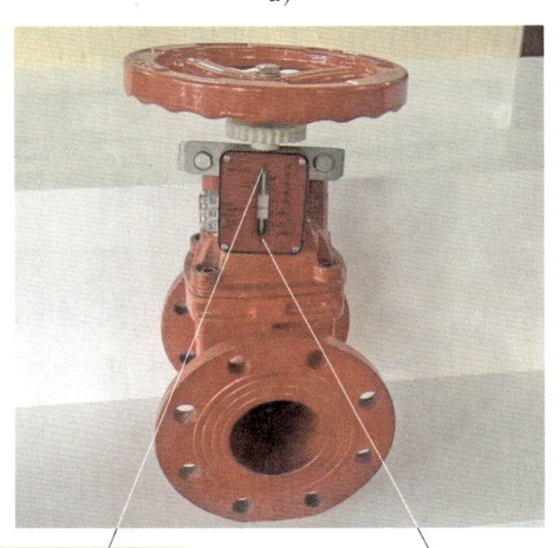

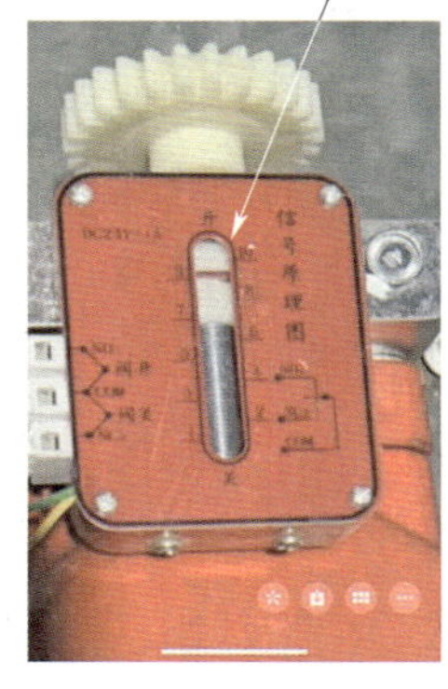

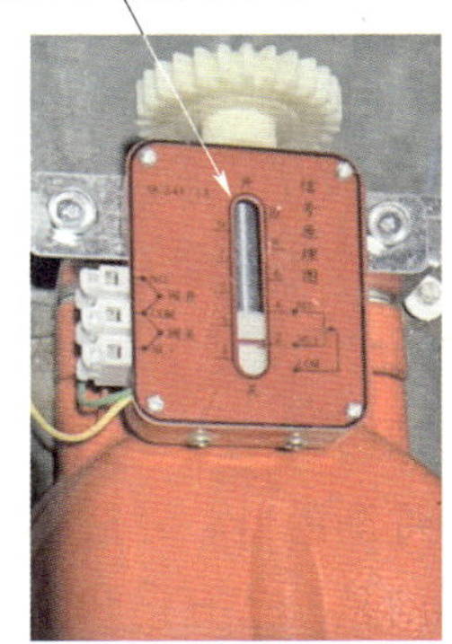

b）

图 3–1–1　明杆闸阀和暗杆闸阀

a）明杆闸阀（开启、关闭状态）　b）暗杆闸阀（指针接近顶部为开，反之为关）

表 3–1–2　蝶阀的种类

分类方式	类型名称
按蝶板位置	中线型蝶阀和偏心型蝶阀
按连接方式	螺纹连接蝶阀、法兰连接蝶阀、对夹连接蝶阀、卡箍连接蝶阀（沟槽连接蝶阀）和卡套连接蝶阀
按驱动方式	电动蝶阀、气动蝶阀、液动蝶阀、手动蝶阀

蝶阀常作为消防给水系统管道检修阀门、过滤器前和减压阀后的控制阀门。消防水泵的吸水管、出水管上可采用带自锁装置的蝶阀。

常见手动蝶阀如图 3–1–2 所示。

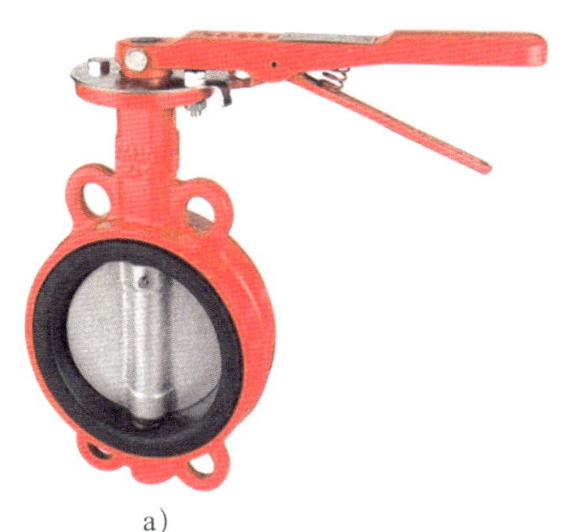

a)

b)

图 3–1–2　常见手动蝶阀

a）对夹式手柄蝶阀　b）信号蝶阀

3. 消防自动排气阀

消防自动排气阀是一种消防给水系统管道专用的进排气控制装置。通常安装于消防给水系统管网的顶部，在系统充水时排气，以防止气堵、气塞影响灭火效率；至充满水后，自动关闭出气口。在系统维护保养需放水时自动开启吸气，以防止管网因负压变形损坏。正确使用消防自动排气阀还能消除消防给水管道因停泵而产生水锤的破坏性，保证管网安全运行。消防自动排气阀的种类见表 3–1–3。

表 3–1–3　消防自动排气阀的种类

分类方式	类型名称
按基本结构	整体式自动排气阀和分体式自动排气阀
按进出口连接方式	内螺纹连接自动排气阀、外螺纹连接自动排气阀和法兰连接自动排气阀

常见消防自动排气阀，如图 3–1–3 所示。

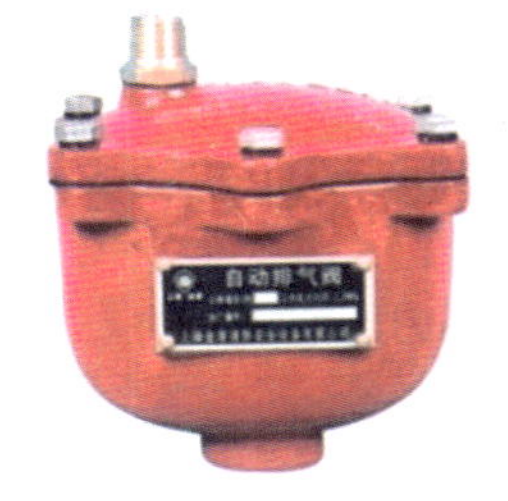

图 3–1–3　消防自动排气阀

4. 止回阀

止回阀又称逆止阀、单向阀、回流阀或隔离阀，是指依靠介质本身流动而自动开闭阀瓣，用来防止介质倒流的阀门，属自动阀类，适用于防止水倒流及水锤对泵造成损坏的消防给水管网。止回阀的种类见表 3–1–4。

表 3–1–4　止回阀的种类

分类方式	类型名称
按结构形式	升降式止回阀、旋启式止回阀、对夹式止回阀、微阻缓闭式止回阀和蝶式止回阀
按进出口连接方式	螺纹连接止回阀、法兰连接止回阀、焊接连接止回阀和对夹连接止回阀

止回阀主要应用在消防水泵和高位消防水箱的出水管上。消防水泵出水管上的止回阀宜采用水锤消除止回阀，如图 3–1–4 所示。

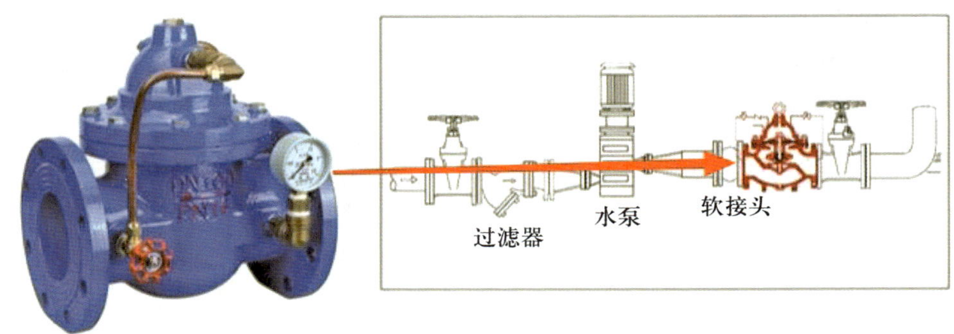

图 3–1–4　水锤消除止回阀及安装位置

5. 减压阀

减压阀是指通过阀瓣的节流，将进口压力减至某一需要的出口压力，并能在进口压力及流量变动时，利用水本身的能量，使出口压力自动保持稳定的阀门。从流体力学的角度看，减压阀是一种局部阻力可以变化的节流元件，即通过改变节流面积，使流速及流体的动能改变，造成不同的压力损失，从而达到减压的目的。减压阀的种类见表 3–1–5。

表 3–1–5　减压阀的种类

分类方式	类型名称
按结构形式	薄膜式减压阀、弹簧薄膜式减压阀、活塞式减压阀、杠杆式减压阀和波纹管式减压阀
按阀座数目	单座式减压阀和双座式减压阀
按阀瓣的位置	正作用式减压阀和反作用式减压阀
按照决定阀门开启的机构	直接作用式减压阀和先导式减压阀

在消防给水系统中，减压阀主要用于分区供水减压。常见的减压阀，如比例式减压阀属于直接作用式，可调式减压阀则属于先导式，如图 3–1–5 所示。采用减压阀减压分区供水时，宜采用比例式减压阀；当消防给水系统压力超过 1.20 MPa 时，宜采用可调式减压阀。安装时，比例式减压阀宜垂直安装，可调式减压阀宜水平安装。

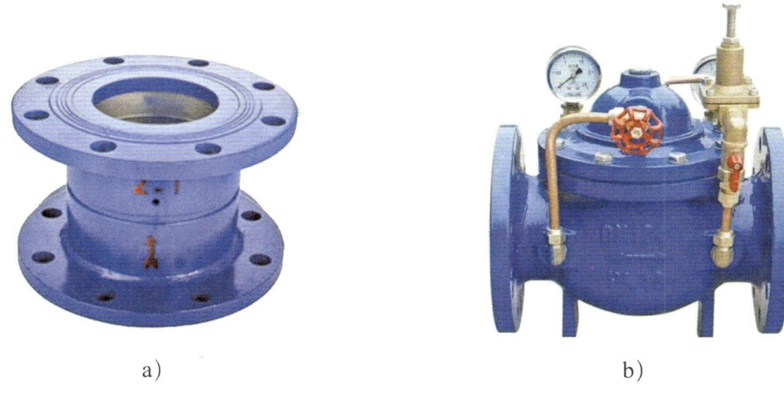

a） b）

图 3–1–5 减压阀

a）比例式减压阀 b）可调式减压阀

6. 消防给水阀门的维护要求

依据《消防给水及消火栓系统技术规范》（GB 50974—2014）相关规定，对消防给水阀门的维护要求如下。

（1）每天对水源控制阀进行外观检查，并应保证系统处于无故障状态。

（2）每月应对控制阀门的铅封、锁链进行一次检查，当有破坏或损坏时应及时修理或更换。每月对减压阀组进行一次放水试验，并应检测和记录减压阀前后的压力，当不符合设计值时应采取满足系统要求的调试和维修等措施。

（3）每季度应对室外阀门井中进水管上的控制阀门进行一次检查，并应核实其处于全开启状态。

（4）每年应对减压阀的流量和压力进行一次测试。

（5）各阀门应设置明显的标识、启闭标志。

要点 2：消防水池的设置

1. 消防水池、高位消防水池的定义与组成

消防水池是人工建造的供固定或移动消防水泵吸水的储水设施，是消防给水系统的重要水源之一。消防水池一般为建筑室内水灭火系统提供消防用水，但如果室外消防用水不足，它还需提供室外消防用水不足的部分用量。消防水池通常设置在建筑物内地下室或独立建造在所服务的建筑物外，且消防用水与其他用水共用的水

池，应采取确保消防用水量不作他用的技术措施。

高位消防水池是一种设置在高处直接向水灭火设施重力供水的储水设施。它是常高压消防给水系统的重要组成，火灾扑救时无须使用消防水泵加压。高位消防水池的最低有效水位应能满足其所服务的水灭火设施所需的工作压力和流量，且其有效容积应满足火灾延续时间内所需的消防用水量。

消防水池常用的材质有钢筋混凝土、不锈钢、玻璃钢等材料。消防水池主要由水池本体、进水管、出水管、溢流管、通气管、泄水管、检修人孔等组成，如图 3–1–6 所示。

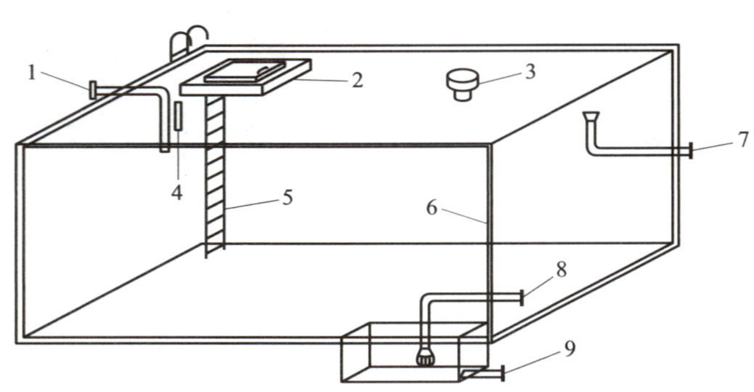

图 3–1–6　消防水池示意图

1—进水管　2—检修人孔　3—通气管　4—进水控制管　5—爬梯

6—水池本体　7—溢流管　8—出水管　9—泄水管

2. 消防水池设置条件

符合表 3–1–6 中任一条件时，应设置消防水池。

表 3–1–6　应设置消防水池的情况

序号	设置条件	具体内容
1	管道供水能力不足时	当生产、生活用水量达到最大时，市政给水管网或入户引入管不能满足室内、室外消防给水设计流量
2	供水不可靠且建筑规模较大时	当采用一路消防供水或只有一条入户引入管，且室外消火栓设计流量大于 20 L/s 或建筑高度大于 50 m 时
3	市政消防给水量不足时	市政消防给水设计流量小于建筑室内外消防给水设计流量

3. 消防水池设置要求

为保证消防给水的安全可靠性，消防水池的设置应有相应要求，具体见表 3–1–7。

表 3-1-7　消防水池设置要求

序号	项目	要求
1	容积	（1）当市政给水管网能保证室外消防给水设计流量时，消防水池的有效容积应满足在火灾延续时间内室内消防用水量的要求 （2）当市政给水管网不能保证室外消防给水设计流量时，消防水池的有效容积应满足火灾延续时间内室内消防用水量和室外消防用水量不足部分之和的要求 （3）当消防水池采用两路消防供水且在火灾情况下连续补水能满足消防要求时，消防水池的有效容积应根据计算确定，但不应小于 100 m^3，当仅设有消火栓系统时不应小于 50 m^3
2	补水时间、管径	（1）消防水池的给水管应根据其有效容积和补水时间确定，补水时间不宜大于 48 h，但当消防水池有效总容积大于 2 000 m^3 时，补水时间不应大于 96 h （2）消防水池进水管管径应通过计算确定，且不应小于 DN100
3	分格（座）	（1）消防水池的总蓄水有效容积大于 500 m^3 时，宜设两格能独立使用的消防水池 （2）消防水池的总蓄水有效容积大于 1 000 m^3 时，应设置能独立使用的两座消防水池 （3）每格（座）消防水池应设置独立的出水管，并应设置满足最低有效水位的连通管，且其管径应能满足消防给水设计流量的要求
4	取水距离、吸水高度	储存室外消防用水的消防水池或供消防车取水的消防水池，应符合下列规定： （1）消防水池应设置取水口（井），且吸水高度不应大于 6 m （2）取水口（井）与建筑物（水泵房除外）的距离不宜小于 15 m （3）取水口（井）与甲、乙、丙类液体储罐等构筑物的距离不宜小于 40 m （4）取水口（井）与液化石油气储罐的距离不宜小于 60 m，当采取防止辐射热保护措施时，可为 40 m
5	出水、排水、水位设置	（1）消防水池的出水管应保证消防水池的有效容积能被全部利用 （2）消防水池应设置就地水位显示装置，并应在消防控制中心或值班室等地点设置显示消防水池水位的装置，同时应有最高和最低报警水位 （3）应设置溢流水管和排水设施，并应采用间接排水
6	通气管和呼吸管设置	（1）消防水池应设置通气管 （2）消防水池通气管、呼吸管和溢流水管等应采取防止虫鼠等进入消防水池的技术措施

要点 3：高位消防水箱的设置

1. 组成和功能

高位消防水箱是设置在高处直接向水灭火设施重力供应初期火灾消防用水量的储水设施。高位消防水箱的主要作用是供给建筑初期火灾时的消防用水量，并维持室内给水系统管网压力。

高位消防水箱由水箱箱体、进水口、出水口、溢流管、通气管、泄水管和检修人孔等组成，如图 3–1–7 所示。它的主要材质有热浸锌镀锌钢板、钢筋混凝土和不锈钢板等。高位消防水箱主体应与基础牢固连接。

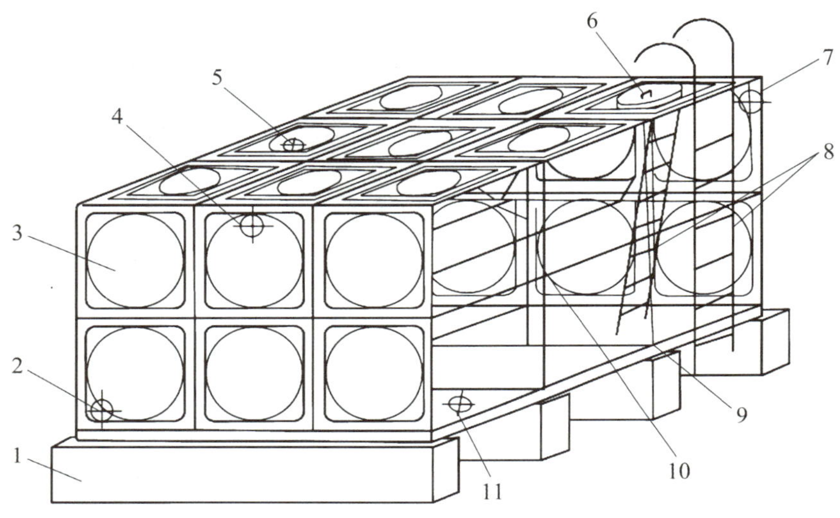

图 3–1–7 高位消防水箱示意图

1—混装土基础 2—出水口 3—水箱箱体 4—溢流管 5—通气管
6—检修人孔 7—进水口 8—内、外爬梯 9—槽钢 10—内拉筋 11—泄水管

2. 设置要求

高位消防水箱的设置要求见表 3–1–8。

表 3–1–8 高位消防水箱的设置要求

序号	项目	要求
1	位置	高位消防水箱的设置位置应高于其所服务的水灭火设施，且最低有效水位应满足水灭火设施最不利点处的静水压力
2	保护措施	当高位消防水箱在屋顶露天设置时，水箱的人孔以及进出水管的阀门等应采取锁具或阀门箱等保护措施

续表

序号	项目	要求
3	防冻隔热	（1）严寒、寒冷等冬季冰冻地区的消防水箱应设置在消防水箱间内，其他地区宜设置在室内，当必须在屋顶露天设置时，应采取防冻隔热等安全措施 （2）高位消防水箱间应通风良好，不应结冰，当必须设置在严寒、寒冷等冬季结冰地区的非采暖房间时，应采取防冻措施，环境温度或水温不应低于 5 ℃
4	容积、出水、排水、水位设置	（1）消防用水与其他用水共用的高位消防水箱，应采取确保消防用水量不作他用的技术措施 （2）水箱的出水管应保证高位消防水箱的有效容积能被全部利用 （3）高位消防水箱应设置就地水位显示装置，并应在消防控制中心或值班室等地点设置显示高位消防水箱水位的装置，同时应有最高和最低报警水位 （4）高位消防水箱应设置溢流水管和排水设施，并应采用间接排水
5	通气管、呼吸管、进出水管设置	（1）高位消防水箱通气管、呼吸管和溢流管等应采取防止虫鼠等进入消防水池的技术措施 （2）高位消防水箱的出水管应位于高位消防水箱最低水位以下，并应设置防止消防管网中的水进入高位消防水箱的止回阀 （3）高位消防水箱出水管管径应满足消防给水设计流量的出水要求，且不应小于 DN100 （4）高位消防水箱的进水管、出水管应设置带指示启闭装置的阀门
6	补水时间、管径	进水管的管径应满足消防水箱 8 h 充满水的要求，但管径不应小于 DN32，进水管宜设置液位阀或浮球阀

3. 有效容积和最不利点静水压力要求

高位消防水箱有效容积和最不利点静水压力要求见表 3–1–9。

表 3–1–9　高位消防水箱有效容积和最不利点静水压力要求

序号	建筑性质	建筑高度（m）	有效容积（m^3）	最不利点静水压力
1	一类高层公共建筑	—	≥ 36	≥ 0.10 MPa
		> 100	≥ 50	≥ 0.15 MPa
		>150	≥ 100	

续表

<table>
<tr><th>序号</th><th>建筑性质</th><th>建筑高度（m）</th><th>有效容积（m^3）</th><th>最不利点静水压力</th></tr>
<tr><td rowspan="3">2</td><td>多层公共建筑、二类高层公共建筑</td><td>—</td><td>≥ 18</td><td rowspan="4">≥ 0.07 MPa</td></tr>
<tr><td rowspan="2">一类高层住宅</td><td>>100</td><td>≥ 36</td></tr>
<tr><td>≤ 100</td><td>≥ 18</td></tr>
<tr><td>3</td><td>二类高层住宅</td><td>—</td><td>≥ 12</td></tr>
<tr><td>4</td><td>多层住宅</td><td>>21</td><td>≥ 6</td><td>不宜低于 0.07 MPa</td></tr>
<tr><td rowspan="2">5</td><td>工业建筑（室内消防给水设计流量≤ 25 L/s）</td><td>—</td><td>≥ 12</td><td rowspan="2">≥ 0.10 MPa（当建筑体积小于 20 000 m^3 时，不宜低于 0.07 MPa）</td></tr>
<tr><td>工业建筑（室内消防给水设计流量 >25 L/s）</td><td>—</td><td>≥ 18</td></tr>
<tr><td rowspan="2">6</td><td>商店建筑（总建筑面积 > 10 000 m^2 且 <30 000 m^2）</td><td>—</td><td>≥ 36</td><td>—</td></tr>
<tr><td>商店建筑（总建筑面积 > 30 000 m^2）</td><td>—</td><td>≥ 50</td><td>—</td></tr>
</table>

备注：

（1）当第 6 项与第 1 项规定不一致时应取较大值；

（2）高位消防水箱指屋顶水箱，不含转输水箱兼作高位消防水箱，当转输水箱兼作高位消防水箱时其容积按转输水箱确定；

（3）初期火灾消防用水量可不进行计算，直接选用表中值；

（4）自动喷水灭火系统等自动水灭火系统的最不利点静水压力应根据喷头灭火需求压力确定，但应不小于 0.10 MPa

4. 水位位置

依据《消防给水及消火栓系统技术规范》（GB 50974—2014）、《高位消防贮水箱选用及安装》（16S211），高位消防水箱应设置以下几个水位。

（1）最高有效水位

最高有效水位是指在准工作状态下，水箱储存全部有效容积的水量时所达到的水位。

（2）最低有效水位

最低有效水位是出水管喇叭口以上 0.6 m 的水位，当高位消防水箱出水管上设置防止旋流器时，最低有效水位应根据产品确定，且防止旋流器顶部以上的水位不应低于 0.15 m。

（3）溢流水位

溢流水位是指水箱开始溢流的最低水位，即溢流管喇叭口标高对应的水位。

（4）最高报警水位

最高报警水位即为溢流水位，表明水箱的溢流或进水系统发生故障，应向消防控制室报警。

（5）最低报警水位

最低报警水位是指低于最高有效水位 50 ~ 100 mm 的水位，表明水箱和进水系统发生故障，应向消防控制室报警。

高位消防水箱的有效容积就是最高有效水位和最低有效水位之间的存水容积，如图 3–1–8 所示。高位消防水箱的进水管应采用液位阀或浮球阀控制供水。

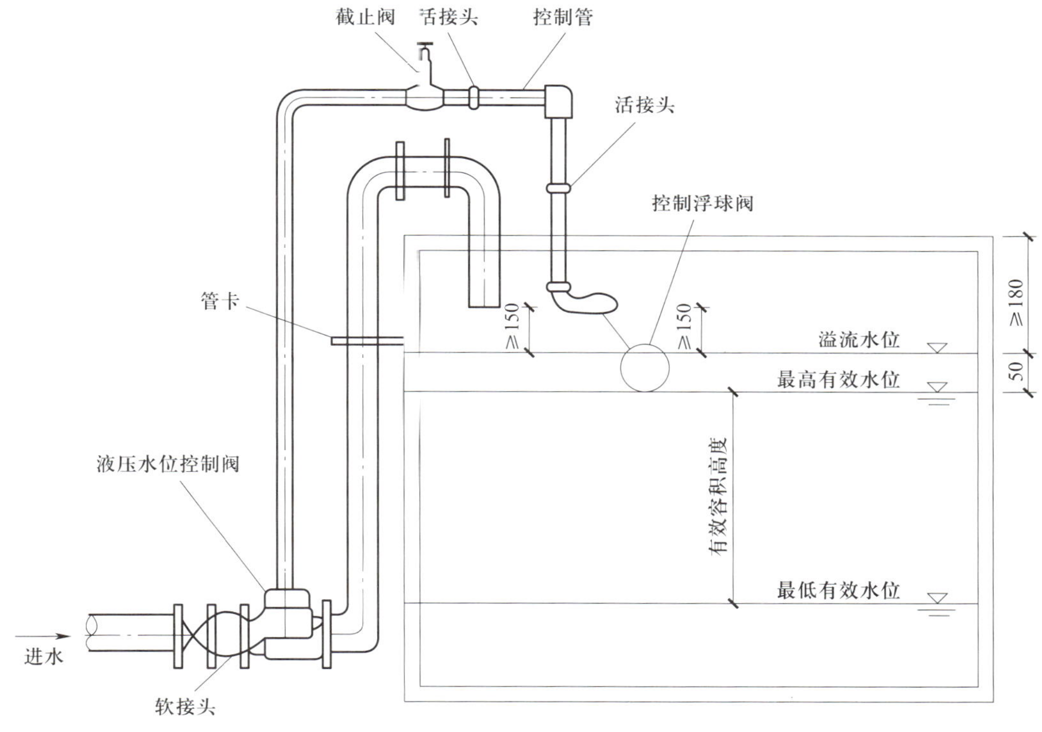

图 3–1–8　高位消防水箱有效容积示意图

要点 4：消防水池、高位消防水箱的水位显示装置

1. 就地水位显示装置

就地水位显示装置（也称为就地液位计）是安装在消防水池、高位消防水箱处能直接观察、显示水位的仪器。常见的就地水位显示装置有玻璃管液位计、磁翻板液位计（也称为磁耦合液位计）、玻璃板液位计、浮标液位计等，如图 3–1–9 所示。

玻璃管液位计具有结构简单、安装方便、经济实用、直观可靠等特点，是消防水池、高位消防水箱显示水位仪器的首选。玻璃管液位计通过阀门与消防水池、高位消防水箱连接构成连通器，透过玻璃管可直接读取消防水池、高位消防水箱内液位的高度。

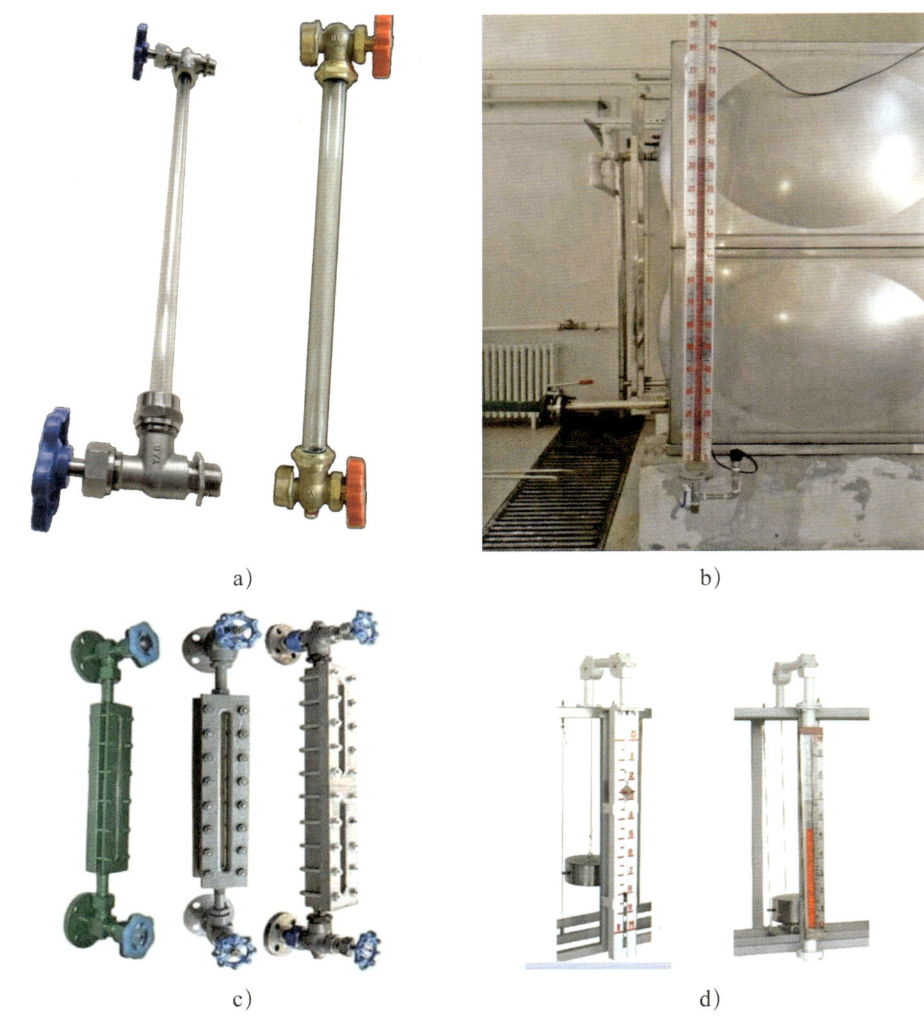

图 3-1-9 就地水位显示装置

a）玻璃管液位计 b）磁翻板液位计 c）玻璃板液位计 d）浮标液位计

2. 消防控制中心水位显示装置

《消防给水及消火栓系统技术规范》（GB 50974—2014）中明确指出，消防水池、高位消防水箱应在消防控制中心或值班室等地点设置显示消防水池、高位消防水箱水位的装置，应同时有最高和最低报警水位。《高位消防贮水箱选用及安装》（16S211）中也提出，消防水箱水位到达最低有效水位、最高和最低报警水位时都应向消防控制室报警。

消防控制中心、值班室等场所设置水位显示装置（见图 3-1-10），其目的就是降低消防给水系统无水的风险，从而提高消防给水的可靠性。显示消防水池、高位消防水箱水位的装置一般采用水位显示仪，由液位传感器、导气电缆、显示器等组成。液位传感器能够对所测水位进行实时的数字和光柱的直观显示，可在消防控制室对消防水位进行实时显示和报警控制。

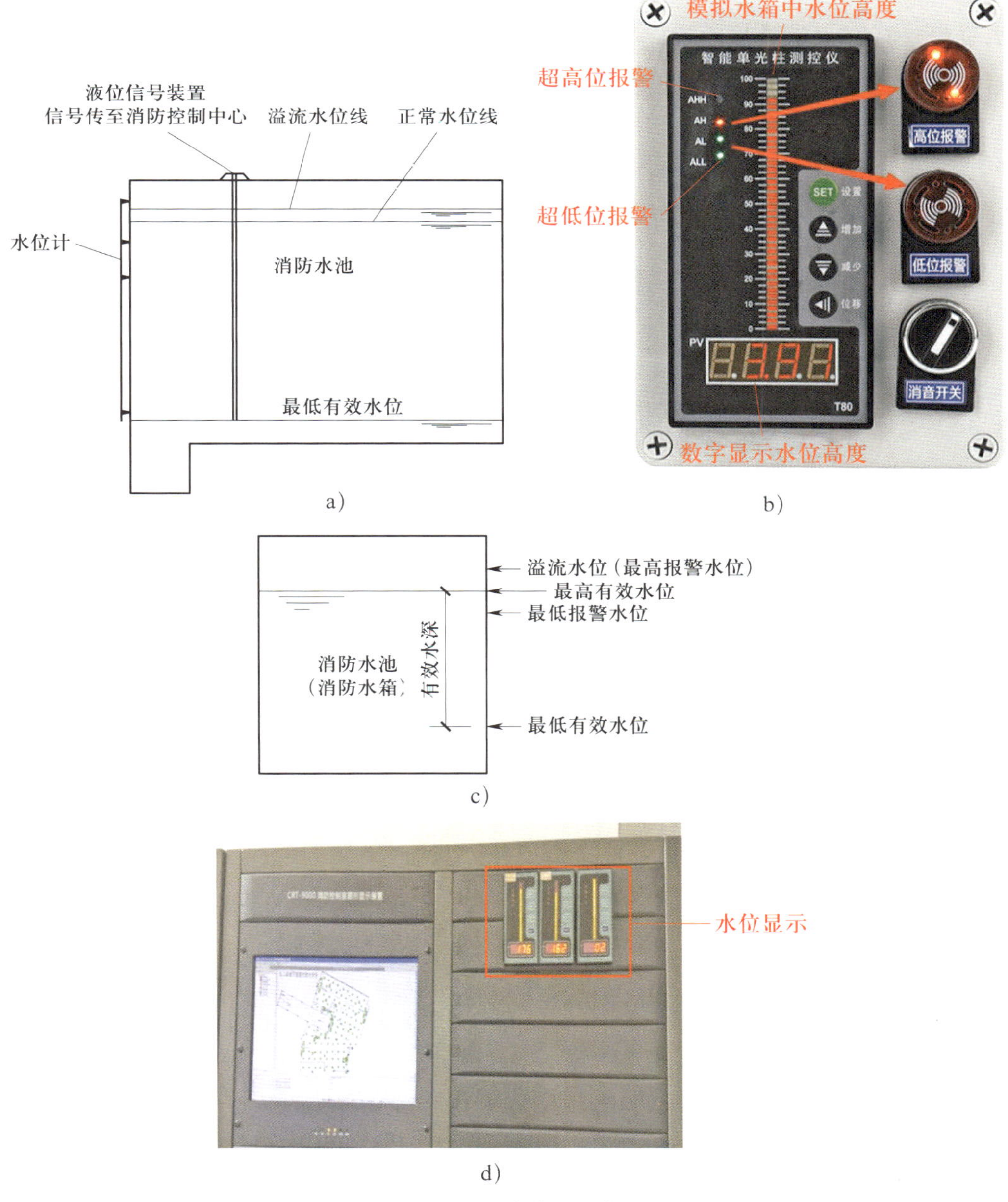

图 3-1-10 水位显示装置

a）消防水池水位计和液位信号装置 b）水位显示仪显示装置

c）消防水池、高位消防水箱水位示意图 d）消防控制室水位显示

【专业技能】

技能 1：如何判断消防水泵吸水管、出水管和消防供水管道上阀门的工作状态

判断步骤应由泵房开始延伸至其他部位。先巡查消防水泵房阀门，确认完毕泵房水泵吸水管、出水管阀门工作状态后，沿着各类水灭火系统供水管道走向逐一进行巡查，确认阀门是否处于正常工作状态。如图 3-1-11a、图 3-1-11b 所示。

1. 进入泵房，按照从消防水池的消防水泵吸水管前端到消防水泵进口端的顺序检查管段上安装的阀门，确定消防水泵吸水管上安装阀门的类型及其工作状态。可

a） b） c） d）

图 3-1-11 阀门工作状态

a）消防水泵房吸水管 b）消防水泵房出水管

c）屋顶试验消火栓放水测试 d）末端试水装置放水测试

以从产品说明书中了解各类阀门型号、规格。明杆闸阀、暗杆闸阀、蝶阀开启状态的判断方法如下。

（1）吸水管上设置的控制阀门如为明杆闸阀时，其手轮轮缘上带有开启、关闭双向箭头和“开”“关”字样，若手轮向开启箭头方向或“开”字旋转，则表示阀门开启处于工作状态，或者闸阀阀杆大大超出手轮，也表示阀门开启处于工作状态，反之则为关闭。

（2）如为暗杆闸阀时，其阀体上均标有“开”“关”字样，且手轮轮缘上带有开启、关闭方向的箭头，若箭头指向“开”字则表示阀门开启处于工作状态，反之则为关闭；如为带启闭刻度的暗杆闸阀，则指针接近闸阀底部为关，反之为开。

（3）如为带自锁装置的蝶阀，其手轮上带有指示开、关方向箭头和“开”“关”字样，若手轮处于箭头指向开启向且处于“开”字，则表示阀门开启处于工作状态，反之则为关闭。

2. 从水泵出口端至出水管方向顺序检查消防水泵出水管上安装的阀门，确定消防水泵出水管上安装阀门的类型及其工作状态。可以从产品说明书了解各类阀门型号、规格，出水管上设置的控制阀门如为明杆闸阀或带自锁装置的蝶阀时，同样按“1.”中介绍的方法判断；如为止回阀时，宜采用水锤消除止回阀；如安装减压阀，应查看阀后压力是否符合设计图纸要求。

3. 开启消防水泵出水管上 DN65 试水阀，启动消防水泵，如出水顺畅，则说明消防水泵吸水管、出水管管路畅通，各阀门均处于正常工作状态（开启状态）。

4. 巡查水灭火系统供水管道时，应确定供水管道上安装阀门的类型及其工作状态。若为室内架空管道的阀门，如采用蝶阀、明杆闸阀或带启闭刻度的暗杆闸阀时，均按照“1.”中介绍的方法判断；若为室外架空管道的阀门，如采用带启闭刻度的暗杆闸阀或耐腐蚀的明杆闸阀，同样按照“1.”中介绍的方法判断。

5. 对室内消火栓系统，可以选择对不同分区的供水管道进行放水测试。打开室内消火栓栓口放水一段时间，如能持续出水，则说明供水管道畅通，各阀门均处于正常工作状态（开启状态）。也可以利用屋顶试验消火栓进行放水试验，如图 3–1–11c 所示，消火栓泵启动后流量、压力明显上升，水流持续不断，则说明供水管道阀门均处于正常工作状态（开启状态）。

6. 对室外消火栓系统，应选择一室外消火栓进行出水试验，如能持续出水，则说明供水管道畅通，各阀门均处于正常工作状态（开启状态）。

7. 对自动喷水灭火系统，可选择每个报警阀组防护区域的最不利点末端试水装置进行放水测试。打开末端试水装置阀门放水，如图 3–1–11d 所示，如果启动喷淋水泵后流量、压力明显上升，水流持续不断，则说明供水主管管路阀门均处于正常工作状态（开启状态）。

8. 巡查过程中如发现供水管道、阀门周围的物品影响水灭火系统的正常工作和使用，则应及时清理；发现控制阀门标志标识缺失、阀门组件损坏缺少、铅封锁链残损、阀门开启卡阻、阀门渗漏滴水等，应及时增补、修复、上报。

9. 检查完毕后，按规定做好记录。

技能 2：如何判定消防水池和高位消防水箱的水位

以玻璃管液位计为例（见图 3–1–12），具体水位判定方法如下。

1. 现场查看。检查消防水池、高位消防水箱、玻璃管液位计的外观、配件是否完整无缺，并用卷尺测量消防水池、高位消防水箱的长宽高尺寸，为核实有效容积、水位做准备。

2. 读取测量。确定玻璃管液位计上、下阀门打开，使玻璃管中的水与消防水池（箱）中的水连通，其标尺显示的水位刻度即为消防水池、高位消防水箱水位高度。如玻璃管液位计未标注刻度，则采用合适的工具测量，玻璃管液位计显示水位与消防水池或高位消防水箱底部之间的距离即为消防水池或高位消防水箱的水位高度。

图 3–1–12　玻璃管液位计安装图

3. 核查比对。将消防水池、高位消防水箱水位高度与设计参数比对，如不符应及时查找原因并上报。

4. 排空关阀。查看完后，关闭玻璃管液位计与水池（箱）连接的阀门，打开玻璃管液位计放水阀，排空液位计中的余水。

5. 过程中如发现标志标识缺失、玻璃管液位计显示不清、组件损坏缺少、渗漏溢流等情况，应及时增补、修复、记录并上报。

6. 检查完毕后，按规定做好记录。

第二节　消防供水设施操作

【知识要点】

要点 1：消防泵组的启动方式

消防水泵是消防给水系统的重要组成部分，消防水泵通过对消防用水进行加压，以满足灭火时所需的工作压力、流量要求。消防水泵机组由水泵、驱动器和专用控制柜（电气控制柜）等组成，一组消防水泵可由同一消防给水系统的工作泵和备用泵组成。消防水泵电气控制柜是给消防水泵供电，并能对消防水泵进行控制的电气装置，通常消防水泵电气控制柜和消防水泵一起设置在消防水泵房内，也有少数将消防水泵电气控制柜放在单独的控制室内。

根据《消防给水及消火栓系统技术规范》（GB 50974—2014），消防水泵应有自动、手动（现场手动和远程手动）、机械应急启动等方式，且消防水泵不应设置自动停泵的控制功能，停泵只能由具有管理权限的工作人员根据火灾扑救情况现场操作停泵。

1. 自动启泵

当消防水泵电气控制柜设置在自动挡位时，通过消防控制室总线联动、高位消防水箱出水管流量开关、报警阀组压力开关和消防水泵出水干管压力开关，可自动启动消防水泵。

2. 手动启泵

将消防水泵电气控制柜设置在手动挡位，可以在消防水泵电气控制柜操作面板直接按下主泵的启动按钮，水泵会立刻启动，称为现场手动方式。还可以在消防控制室通过多线控制盘的手动按钮远程启动水泵。需要注意的是，多线控制盘远程启泵虽然不受消防联动控制器的自动、手动状态影响，但需确保现场的消防水泵电气控制柜处于自动挡位，否则无法完成远程启泵。

3. 机械应急启泵

水泵控制柜的机械应急功能，相当于在控制柜外设置一个刀闸开关连杆，直接合上开关即可供电，能保证在控制柜内线路发生故障时由有管理权限的人员紧急启动消防水泵。

要点 2：消防泵组电气控制柜的工作状态及切换方法

1. 主泵 / 备泵的切换

在消防给水系统中，设置消防备用泵可以增加整个系统的安全性，有利于提高整个消防给水系统的可靠性。消防泵的主泵、备泵切换是实现消防备用泵投入工作的重要手段，也是消防给水系统可靠、安全运行的重要环节。

通常，消防泵的主泵、备泵按互为备用的方式进行设计，操作人员通过旋转消防水泵电气控制柜的主泵、备泵转换开关，可设置火灾时需要立即启动的消防水泵（主泵）以及当主泵发生故障时需要自动接替启动的消防水泵（备泵）。如图 3–2–1 所示。

电流信号控制方法是现在消防设计中消防泵主备用自动切换的常用方法。它通过对消防泵的电动机电流信号反馈，来判断其是否工作。当电机短路（断电）、电流过大时，电源将自动切换至另一台水泵机组的电机，启动另一台消防泵工作。

2. 消防水泵电气控制柜的控制状态

消防水泵电气控制柜的控制状态分为自动控制、手动控制两种，可以通过电气控制柜面板的手动、自动转换开关（见图 3–2–2）实现控制状态切换。消防水泵房一般设置在地下室，平时无人值守，一旦发生火灾，如果无法及时启泵，极易造成火灾扑救的延误和失败。因此，《消防给水及消火栓系统技术规范》（GB 50974—2014）要求，临时高压消防给水系统应能自动启动消防水泵，电气控制柜在准工作状态时消防水泵应处于自动启泵状态，目的是提高消防给水的可靠性和灭火的成功率。

有些自动水灭火系统的开启系统一旦误动作，其经济损失或社会影响很大，应采用手动控制，但应保证 24 h 人工值班，例如，剧院的舞台，由于演出时灯光和焰

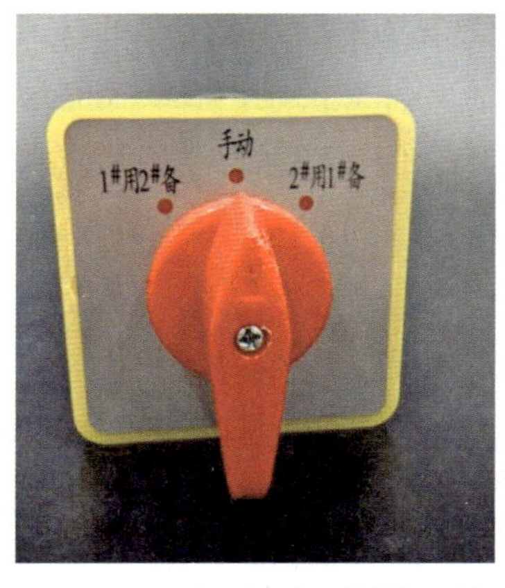

图 3–2–1　主泵、备泵转换开关

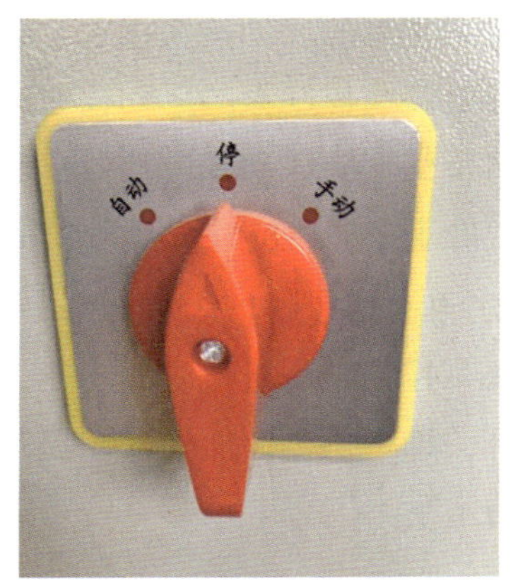

图 3–2–2　手动、自动转换开关

火较多，火灾自动报警系统误动作发生的概率较高，此时可采用手动启动，但应确保 24 h 有人工值班。

消火栓系统和预作用、水喷雾等自动灭火系统平时均应处于自动启泵状态，不可置于手动控制状态（见图 3–2–3）。

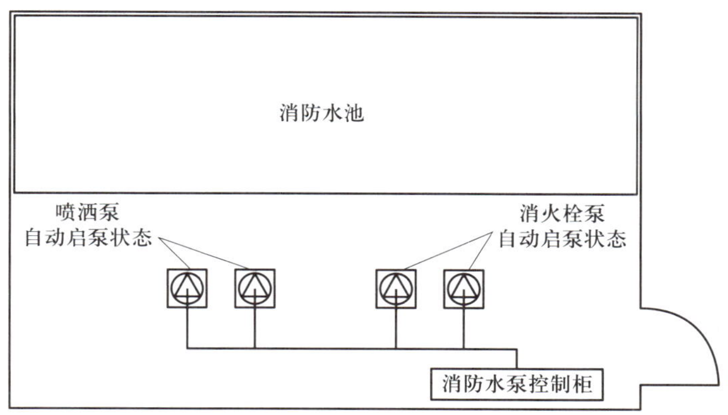

图 3–2–3　自动启泵状态

【专业技能】

技能 1：如何识别和切换消火栓泵组电气控制柜的工作状态

本节技能以消火栓泵组为例，介绍消防水泵及泵组电气控制柜的操作。以下操作方法仅针对某特定产品。对于其他厂家和型式的产品，请参照其产品说明书进行识别与操作。

1. 打开控制柜，检查柜内低压断路器、接触器、继电器等电器元件是否完好，有无破损、松动、脱落，紧固各电器元件接触接头和接线螺钉。

2. 断开控制柜总电源，检查各转换开关，启泵、停泵按钮动作应灵活、可靠。

3. 合上总电源，对照面板指示灯，检查面板显示屏、指示灯显示是否正常，如图 3–2–4 所示。

4. 查看控制柜在准工作状态时消防水泵是否处于自动启泵控制状态，查看控制柜面板电源指示灯，观察手动运行灯是否常亮，如图 3–2–5 所示，如手动运行指示灯点亮，则判断消防水泵处于手动启泵控制状态。

5. 按下“手 / 自选择”按钮，切换至自动启泵控制状态（见图 3–2–6）。

6. 观察自动运行灯是否常亮，如自动运行指示灯点亮，则确定控制柜进入自动启泵控制状态（见图 3–2–7）。

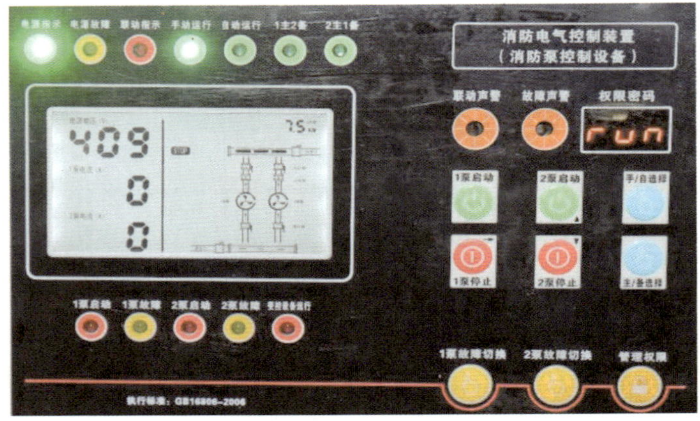

图 3-2-4　面板显示屏、指示灯

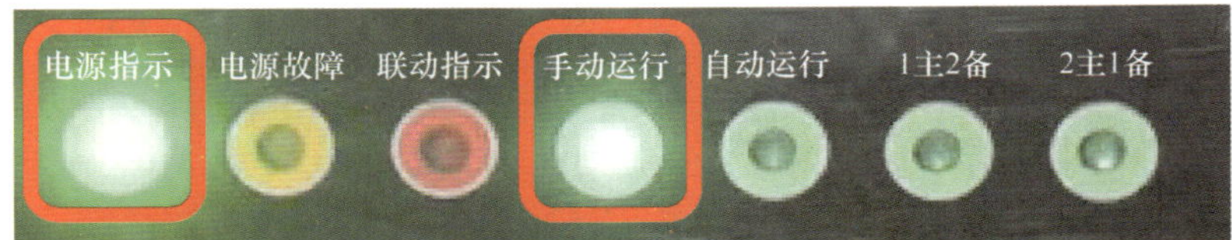

图 3-2-5　电源指示灯和手动运行指示灯

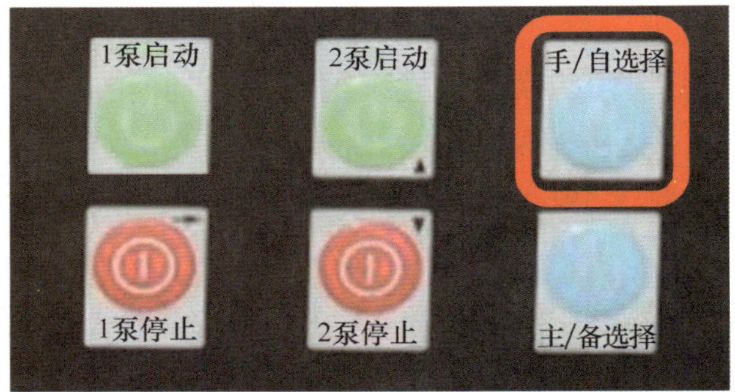

图 3-2-6　手 / 自选择

图 3-2-7　自动运行灯

技能 2：如何手动启动和停止消火栓泵组

以 1 号泵为主泵、2 号泵为备泵为例，介绍手动启泵、停泵的操作。

1. 接通电源，查看显示屏上显示的电压数值，确认电压能满足消火栓泵组工作要求（见图 3–2–8）。

2. 观察消防水池液位计显示是否处于正常水位，确认消防水池是否处于正常水位，是否满足消火栓泵组自灌吸水要求。

3. 打开消防水泵试水阀。

4. 按“手 / 自选择”按钮，切换至手动状态，观察手动运行灯是否常亮，常亮则确定进入手动状态（见图 3–2–9）。

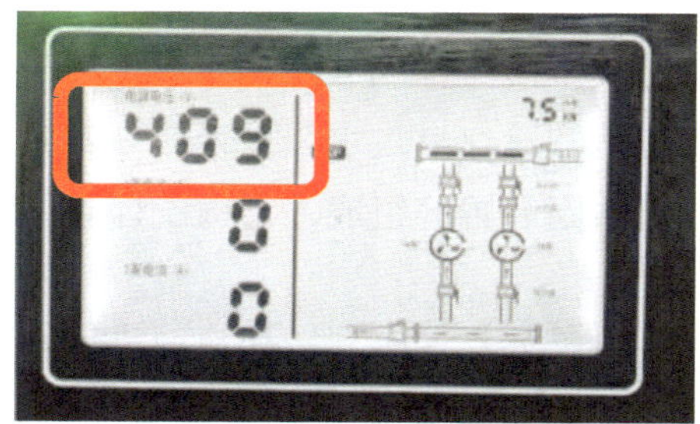

图 3–2–8 电源电压

图 3–2–9 手 / 自选择

5. 按“主 / 备选择”按钮，切换至 1 主 2 备状态，观察 1 主 2 备灯是否常亮，常亮则确认进入 1 号泵为工作泵，2 号泵为备用泵状态（见图 3–2–10）。

6. 按下控制柜上“1 泵启动”按钮，观察消防水泵是否按时启动且运行平稳，查看显示屏电流值与功率值是否处于正常范围（见图 3–2–8）。

7. 按下控制柜上“1 泵停止”按钮，观察消防水泵是否平稳停止（见图 3–2–11）。

图 3–2–10 主 / 备选择

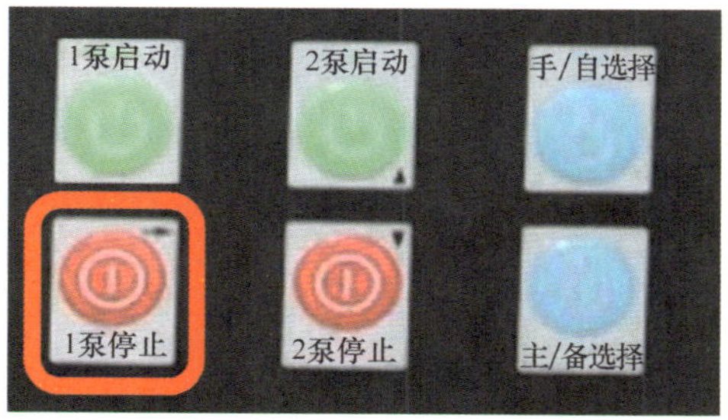

图 3–2–11 1 泵停止

第三节　消防供水设施保养

【知识要点】

要点 1：消防水泵接合器的设置和保养

1. 组成和功能

消防水泵接合器是指固定设置在建筑物外，用于消防车或机动泵向建筑物内消防给水系统输送消防用水和其他液体灭火剂的连接器具。消防水泵接合器一般应由本体、消防接口、安全阀和水流止回装置、水流截断装置等组成，结构设计应保证在使用后将消防接口到水流止回装置间的余水排净。

消防水泵接合器是水灭火系统在火灾时供水设备发生故障，不能保证供给消防用水时的临时供水设施。特别是在室内消防水泵的电源遭到破坏或被保护建筑物已形成大面积火灾，灭火用水不足时，其作用更显得突出。建筑物设置消防水泵接合器的目的是便于消防员在现场扑救火灾时能充分利用建筑物内已经建成的水消防设施，以提高灭火效率。

2. 分类

消防水泵接合器具体分类见表 3–3–1。

表 3–3–1　消防水泵接合器的分类

分类方式	类型名称
按安装形式（见图 3–3–1）	地上式
	地下式
	墙壁式
	多用式
按接合器公称压力	1.6 MPa
	2.5 MPa
	4.0 MPa
按接合器连接方式	法兰式
	螺纹式
按接合器出口的公称通径	100 mm
	150 mm

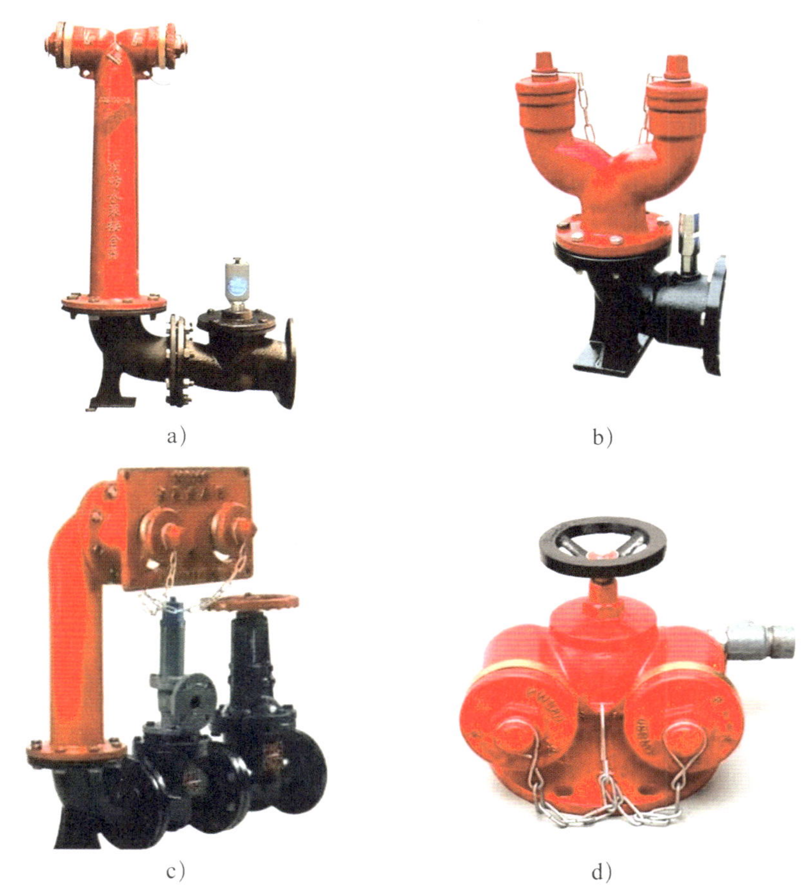

a）　　　　b）

c）　　　　d）

图 3-3-1　几种消防水泵接合器

a）地上式　b）地下式　c）墙壁式　d）多用式

3. 保养内容和技术要求

消防水泵接合器的保养应符合表 3-3-2 的要求。

表 3-3-2　消防水泵接合器的保养

序号	保养内容	技术要求
1	工作环境	（1）防冻保温措施应完好有效 （2）设置位置应在室外便于消防车接近和使用的地点 （3）周边无影响使用的障碍物，若有应及时清除 （4）阀门井内应无积水、杂物，若有应及时清除
2	外观	（1）组件（包括接口、闷盖、止回阀、安全阀、控制阀等）应完好齐全，无破损、变形、锈蚀、渗漏现象 （2）控制阀门应处于开启状态

续表

序号	保养内容	技术要求
2	外观	（3）应设置明显的永久性标志铭牌（应标明供水系统、供水范围和额定压力），如发现缺失需及时补全 （4）每季度应对消防水泵接合器的接口及附件进行一次检查，并应保证接口完好、无渗漏、闷盖齐全
3	功能检查	（1）每月必须检查水泵接合器的完好状况 （2）每年必须对水泵接合器进行一次通水试验

要点 2：消防水池、高位消防水箱的保养

消防水池、高位消防水箱的保养应符合表 3–3–3 的要求。

表 3–3–3 消防水池、高位消防水箱的保养

序号	保养内容	技术要求
1	工作环境	（1）防冻保温措施应完好有效 （2）消防水池、高位消防水箱与四周墙壁之间通道应畅通无阻，周边未堆积杂物影响使用
2	外观	（1）消防水池、高位消防水箱的外观应完好，无脱落、开裂、锈蚀等现象 （2）消防水池、高位消防水箱液位显示装置应完好有效 （3）消防水池、高位消防水箱进水管、出水管、溢流管、泄水管的阀门应处于正常工作状态 （4）消防用水不作他用的技术措施应当有效 （5）消防水池、高位消防水箱连接的管道应无渗漏滴水现象 （6）供消防车取水的消防水池取水口外观应完好、道路畅通 （7）检修人孔、扶梯设置完好，溢流管、通气管、呼吸管防虫网无脱落、锈蚀等现象 （8）每年应检查消防水池、高位消防水箱等蓄水设施的结构材料是否完好，发现问题时应及时处理
3	功能检查	（1）在冬季每天应对室内外消防储水设施进行室内温度和水温检测，当结冰或室内温度低于 5 ℃时，应采取确保不结冰和室温不低于 5 ℃的措施 （2）每月应对消防水池、高位消防水池、高位消防水箱等消防水源设施的水位等进行一次检测；消防水池（箱）玻璃水位计两端的角阀在不进行水位观察时应关闭

【专业技能】

技能 1：如何保养消防水泵接合器

依据《建筑消防设施的维护管理》（GB 25201—2010）相关要求，按照本教材相关章节知识点对消防水泵接合器合理进行保养。具体保养步骤如下。

1. 检查消防水泵接合器，如发现锈蚀以及组件缺失、破损、漏水，则应及时除锈、刷漆、修复、增补。

2. 对照消防设计文件，检查消防水泵接合器位置，如发现位置不便于消防车接近和使用，或周边存在影响使用的障碍物，则应及时上报并清理，调整安装位置。

3. 检查消防水泵接合器安装顺序，如发现未按接口、本体、连通管、放空管、止回阀、安全阀、控制阀的顺序进行安装，或止回阀的安装方向不是保证消防用水从接合器进入水灭火系统的，则应及时上报并修复。

4. 检查消防水泵接合器永久性标志铭牌，并应标明供水系统、供水范围和额定压力，如发现缺失，则应及时更换。

5. 检查寒冷地区消防水泵接合器有无可靠的保温措施，如果没有，则应及时上报并增加。

6. 检查过程中，如果发现消防水泵接合器周围有垃圾、杂物、积水等影响使用的情况，应及时清除。

7. 保养完毕后，按规定做好记录。

技能 2：如何保养消防水池和高位消防水箱

依据《建筑消防设施的维护管理》（GB 25201—2010）相关要求，按照本教材相关章节知识点合理进行保养。具体保养步骤如下。

1. 检查消防水池、高位消防水箱的外观结构，如发现锈蚀、脱落、开裂、漏水，则应及时除锈、刷漆、修复、增补。

2. 检查消防水池、高位消防水箱上各类给水管的阀门和液位显示装置，如发现未处于正常工作状态，则应及时恢复、维修、更换。

3. 检查消防水池、高位消防水箱的进水管、出水管。如发现防水套管锈蚀、渗漏，或进、出水管接头锈蚀、漏水，则应及时除锈并涂刷防锈漆，并上报维修；如发现进、出水管道法兰连接不稳固，或管道柔性接头松动、破裂，则应及时紧固或更换。

4. 检查供消防车取水的消防水池取水口，如发现取水口遮挡损坏或道路堵塞，则应及时清理、维修并上报。

5. 测试消防水池（箱）进水管补水功能。打开泄水管上的泄水阀，如发现进水管不能正常补水，应及时上报、维修、更换。

6. 检查消防水池（箱）溢流管、通气管和呼吸管，如发现防虫鼠网锈蚀，应及时除锈并涂刷防锈漆，若发现损坏，应及时更换。

7. 检查消防水池（箱）爬梯，如发现腐蚀、脱落，则应及时上报、维修、更换；检查人孔以及进、出水管阀门等所采取的锁具或阀门箱等保护措施，如发现有损坏，则应及时上报、维修、更换。

8. 测量消防水池（箱）间温度，采用测温计测量环境温度，如低于 5 ℃，则应及时上报并完善保温防冻措施。

9. 检查过程中若发现消防水池（箱）间有垃圾、杂物、积水等影响使用的情况，应及时清除。

10. 保养完毕后，按规定做好记录。

第四章　其他消防设施

灭火器是能在其内部压力作用下，将所装的灭火剂喷出以扑救火灾的灭火器具，是生活中最常见的便携式灭火器材。消防自救呼吸器是在发生火灾、爆炸等灾害事故时，用于防止有害气体、烟雾中毒、缺氧窒息，供人员在避难逃生时使用的呼吸保护器具。防火门、防火卷帘是建筑内设置的重要防火分隔设施，在火灾发生时能起到阻挡火灾烟气、防止火势蔓延扩大的作用。消防应急灯具是为人员疏散、消防作业提供照明和标志的各类灯具，包括消防应急照明灯具和消防应急标志灯具。

本章共有三节内容。消防设施监控操作职业方向从业人员应能正确掌握其他消防设施监控、操作、保养的知识要点和专业技能。

第一节　其他消防设施监控

【知识要点】

要点 1：防火门和防火门监控器的工作状态

1. 防火门的工作状态

根据防火门门扇所处的开启、关闭状态，可以将防火门分为常闭式防火门、常开式防火门两种类型，如图 4-1-1 所示。

（1）常闭式防火门的工作状态

常闭式防火门是建筑中最常见的防火门，防火门平常在闭门器作用下保持在关闭状态，在火灾时起到阻火隔烟的作用，此类防火门通常在门扇处张贴有“常闭式防火门应保持关闭”的提示标识，常闭式防火门现场可以直接手动开启、关闭。

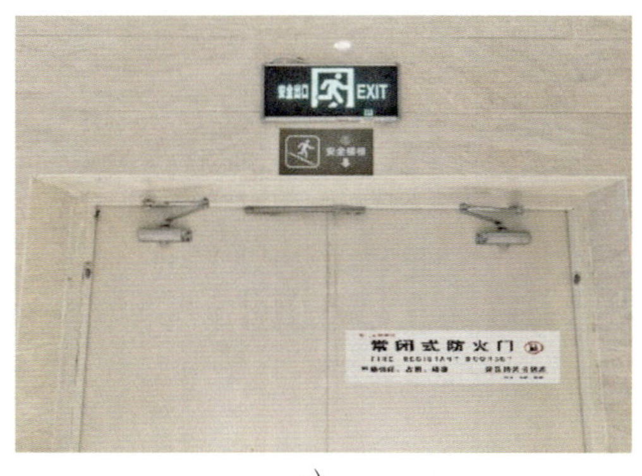

a） b）

图 4–1–1　常闭式防火门和常开式防火门

a）常闭式防火门的关闭状态　b）常开式防火门的开启状态

（2）常开式防火门的工作状态

建筑内经常有人通行处安装的防火门一般采用常开式防火门，此类防火门平时在电磁释放器或电动闭门器的吸合作用下保持在开启状态，火灾时电磁释放器或电动闭门器自动释放，防火门在闭门器作用下自动关闭。设置常开式防火门的场所一般要求设置防火门监控系统，可以采用远程手动、联动自动、现场手动等方式操作控制防火门。常开式防火门手动、联动关闭后，可通过现场手动拉动、推动防火门进行复位操作，防火门复位后的状态信息应能反馈至火灾报警控制器和防火门监控器。

2. 防火门监控器的状态显示

（1）监控器的面板组成

防火门监控器上接火灾报警控制器，下接防火门监控模块、电动闭门器、电磁释放器、门磁开关等现场执行部件，主要用于显示、控制防火门打开、关闭状态。监控器可以对防火门的日常启闭状态实施监管，在发生火灾时自动控制常开式防火门关闭，以发挥阻火隔烟、保证人员安全疏散的作用。防火门监控器由显示屏、手动控制盘、打印机、指示灯等组成，以某产品型号的防火门监控器为例，其面板如图 4–1–2 所示。

（2）监控器的状态指示

防火门监控器可通过专用的指示灯显示电动闭门器、电磁释放器和门磁开关等装置的工作状态（包括启动、关闭、故障）。防火门监控器能接受来自火灾自动报警系统的火灾报警信号，并在 30 s 内向电动闭门器、电磁释放器发出启动信号，点亮启动指示灯。同时，火灾报警控制器也能显示防火门监控器的工作状态和故障状态等动态信息。

1）监控器的显示屏信息。防火门监控器的显示屏可显示火警、启动、反馈、故障、延时等事件具体信息，可以直接在监控器显示屏点击查看上述事件的具体内容。当防火门监控器显示启动、反馈、故障等信息时，主面板对应的启动、反馈、故障指示灯同步点亮，如图 4–1–3 所示。

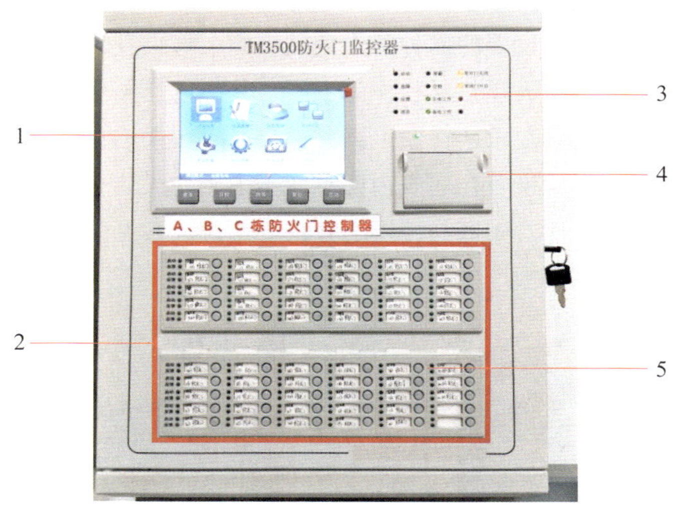

图 4–1–2　防火门监控器面板

1—显示屏　2—手动控制盘　3—指示灯　4—打印机　5—按键

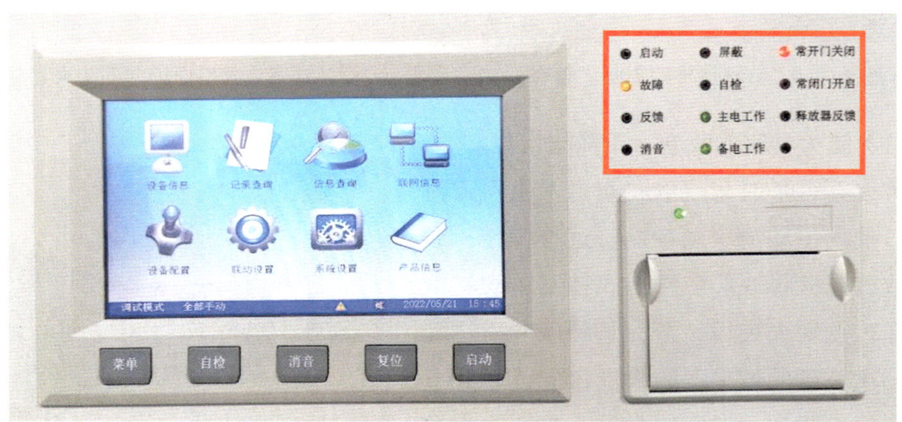

图 4–1–3　防火门监控器故障指示灯点亮

2）防火门的开启、关闭状态显示。防火门监控器可以显示与其连接的防火门的工作状态和故障状态等动态信息，当防火门处于非正常打开或非正常关闭的状态时，防火门监控器常开、常闭门动作指示灯会点亮。当常开式防火门处于关闭状态时，“常开门关闭”指示灯点亮，显示防火门故障状态，将门手动恢复至开启状态后，故障指示灯自行熄灭；当常闭式防火门处于打开状态时，“常闭门开启”指示灯点亮，显示防火门故障状态，将门手动关闭后，故障指示灯自行熄灭。因此，可以通过监控器指示灯直接查看常开式防火门、常闭式防火门是否处于正常的开启、关闭状态。

要点 2：防火卷帘和防火卷帘控制器的工作状态

1. 防火卷帘的工作状态

防火卷帘是建筑内部设置的一种防火分隔设施，防火卷帘的帘面采用不燃或难燃材料制作，中间采用防火隔热材料作为夹层，其卷帘连同框架能在一定时间内满足耐火完整性、隔热性等要求，在发生火灾时具有阻止火焰穿透、有毒烟气扩散蔓延的功能。防火卷帘通常设置在建筑内部不便于采用防火墙分隔的部位，如自动扶梯周围、大型商场营业厅、中庭与楼层的开口等部位。常见防火卷帘如图 4–1–4 至图 4–1–6 所示。

图 4–1–4　自动扶梯四周防火卷帘

图 4–1–5　大型商场内部防火卷帘

（1）防火卷帘的收卷、下降与定位

防火卷帘平时呈收卷状态，发生火灾时可通过现场手动或联动控制、远程操作、温控释放、机械释放等多种方式控制防火卷帘的下降，发生火灾后，帘面下降展开后达到阻挡烟火蔓延的效果。防火卷帘的收卷和下放由卷门机驱动，卷帘以卷轴为中心，由卷门机带动上下转动，使防火卷帘实现下降、上升、定位功能。

图 4–1–6　中庭防火卷帘

（2）疏散与非疏散通道处卷帘的联动控制

设置在疏散通道上的防火卷帘，触发卷帘所在防火分区内任意两个独立的感烟火灾探测器或一个专用于联动防火卷帘的感烟火灾探测器，联动控制防火卷帘下降至距地（楼）面 1.8 m 处停止；继续触发一个专门联动防火卷帘的感温火灾探测器，联动控制防火卷帘下降至楼板面，即疏散通道处防火卷帘为“两步下降”。设置在非疏散通道的防火卷帘，触发卷帘所在防火分区内任意两个独立的火灾探测器，会联动控制防火卷帘直接下降到楼板面，即非疏散通道处防火卷帘“一步下降”。

2. 防火卷帘控制器的状态显示

防火卷帘控制器由主面板、状态指示灯和开关钥匙等组成，部分厂家的产品主面板还设置有复位、自检、消音、上升、下降、停止等手动控制按钮。以某产品型号的防火卷帘控制器为例，其面板如图 4–1–7 所示。

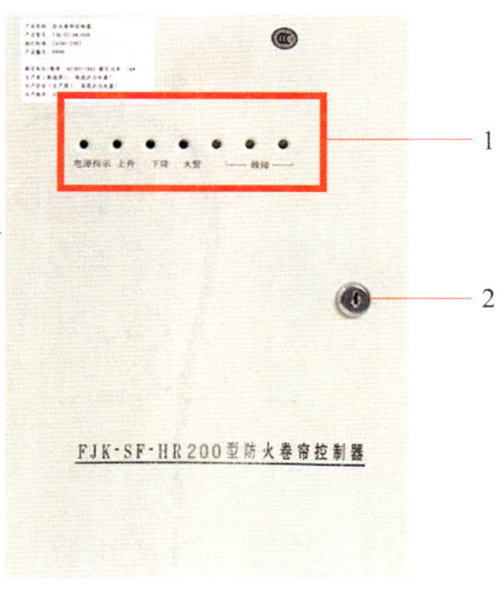

图 4–1–7　防火卷帘控制器面板
1—状态指示灯　2—开关钥匙

（1）指示灯的颜色

防火卷帘控制器的状态指示灯在火警、动作、故障、监视等不同状态下的颜色有所不同，火灾报警和防火卷帘动作信号指示灯显示红色，故障信号指示灯显示黄色，主电源、备用电源正常运行指示灯显示绿色。

（2）监视、动作、故障状态

在无火警、故障信号的情况下，防火卷帘收卷在箱体内，火灾报警控制器、防火卷帘控制器均处于正常监视状态，控制器面板的电源指示灯点亮；防火卷帘自动或手动上升、下降动作后，控制器面板的动作信号指示灯点亮；控制器主备电源存在故障，内部模块、部件故障时，控制器面板的故障信号灯点亮。

要点 3：灭火器的分类

灭火器主要按移动方式、驱动灭火剂的动力来源和充装灭火剂的种类等方式进行分类。

1. 按移动方式分类

（1）手提式灭火器

手提式灭火器指能手提移动至火场，并利用内部压力将充装的灭火剂喷出以扑救火灾的灭火器具。其总质量不应大于 20 kg，其中手提式二氧化碳灭火器质量不应大于 23 kg。主要配置在室内场所和小空间场所。

以常见的手提贮压式干粉型灭火器为例（见图 4–1–8），其外观结构主要有阀门开启压把、保险装置及封记、提把、阀门、筒体、贴花标识、永久性钢印标识、压力指示器等可视零部件。贴花标识、永久性钢印标识分别如图 4–1–9 和图 4–1–10 所示，干粉型灭火器的压力指示器标识为 F，如图 4–1–11 所示。

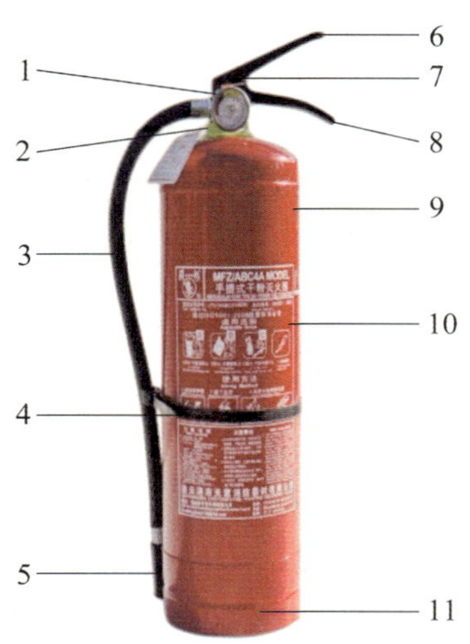

图 4-1-8　手提贮压式干粉型灭火器外观结构示例

1—压力指示器　2—阀门　3—喷射软管组件　4—喷射软管固定圈
5—喷嘴　6 —阀门开启压把　7—保险装置及封记　8—提把
9—筒体　10—贴花标识　11—永久性钢印标识

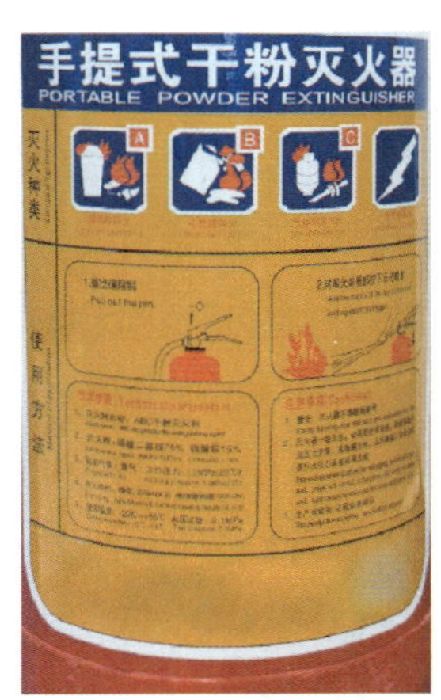

图 4-1-9　贴花标识

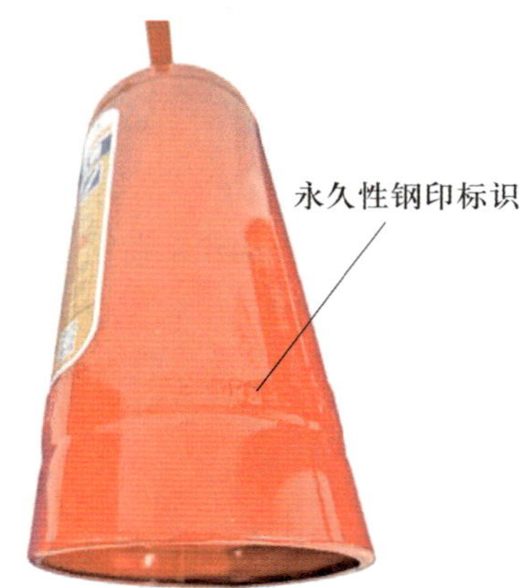

图 4-1-10　永久性钢印标识

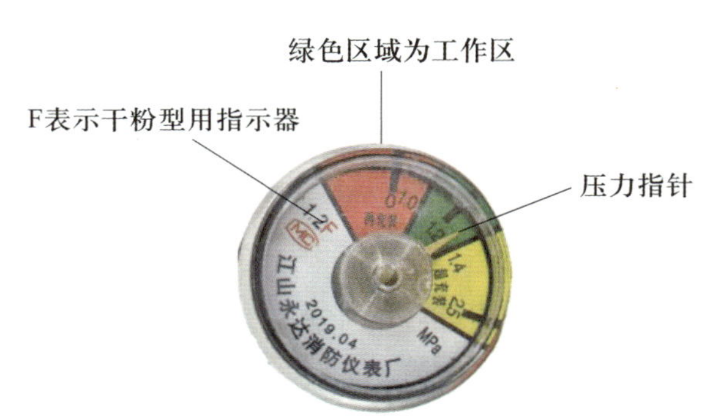

图 4-1-11　干粉型灭火器压力指示器

（2）推车式灭火器

推车式灭火器指装有轮子的可推（或拉）至火场，并利用内部压力将充装的灭火剂喷出以扑救火灾的灭火器具。其额定充装量为 20 ~ 125 kg（或 L）。主要配置在室外、大空间场所和工业建筑内。

以常见的推车贮压式干粉型灭火器为例（见图 4-1-12），其外观结构主要有筒体、阀门、阀门开启手柄、压力指示器、保险装置及封记、喷射控制枪、喷射软管、贴花标识、永久性钢印标识、推车架及车轮组件、筒体固定机构等。其中，阀门的开启方式分为以下两种：顶杆式阀门（见图 4-1-13），由顶杆手柄向上提拉或压下开关阀门；旋转式阀门，由旋转手柄按旋转指示方向推（或拉）开关阀门。喷射控制枪由喷射控制枪阀门和喷嘴组成，如图 4-1-14 所示。

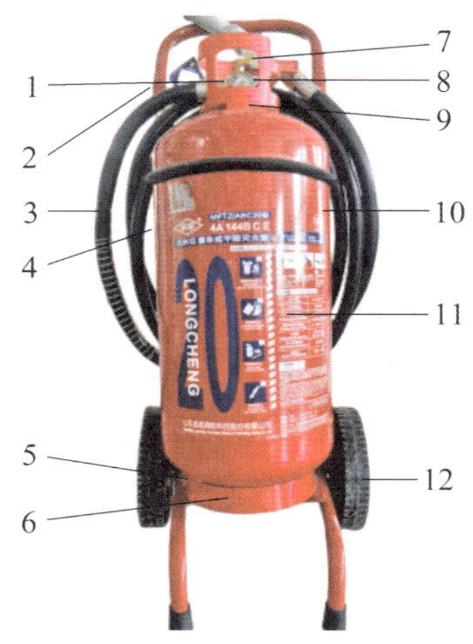

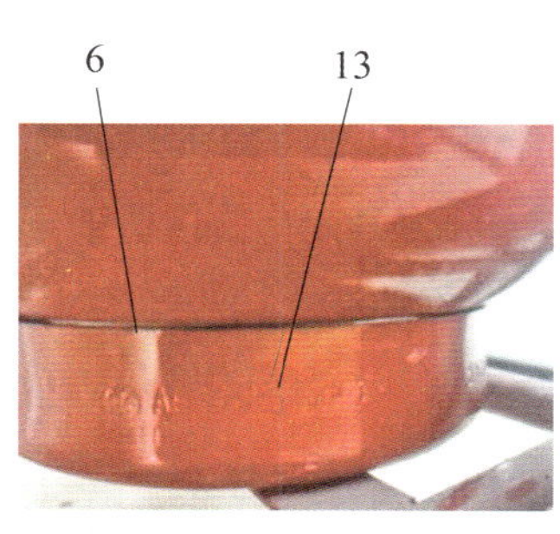

图 4-1-12 推车贮压式干粉型灭火器外观结构示例

1—压力指示器 2—推车架 3—喷射软管 4—筒体固定机构 5—压力指示器 6—筒底圈 7—阀门开启手柄 8—保险装置及封记 9—阀门 10—筒体 11—贴花标识 12—车轮 13—永久性钢印标记

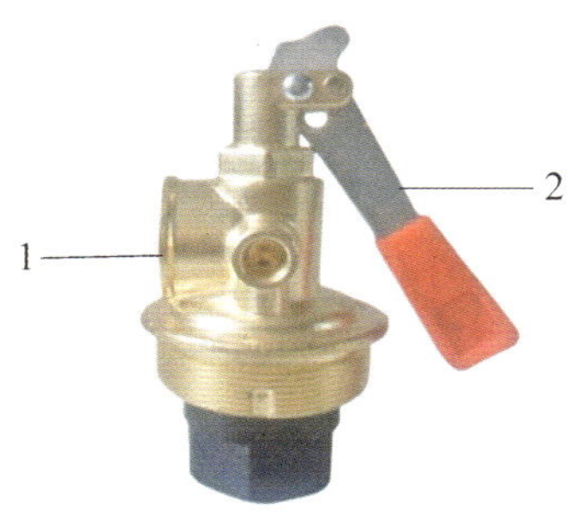

图 4-1-13 顶杆式阀门和阀门开启手柄示例

1—顶杆式阀门 2—顶杆式阀门开启手柄

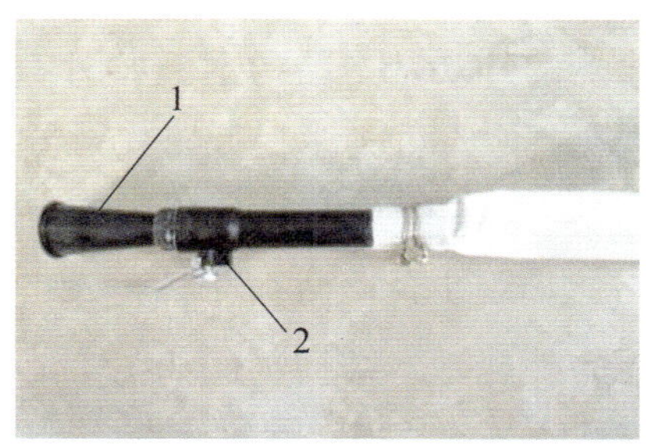

图 4-1-14 喷射控制枪示例

1—干粉枪喷嘴 2—喷射控制枪阀门

2. 按驱动灭火剂的动力来源分类

（1）贮压式灭火器

贮压式灭火器指由贮于灭火器内的压缩气体或灭火剂蒸气压力驱动的灭火器具。压缩气体一般采用氮气或压缩空气。使用时，开启灭火器操作控制阀即可喷射出灭火剂。

（2）贮气瓶式灭火器

贮气瓶式灭火器指由灭火器贮气瓶释放的压缩气体或液化气体的压力驱动的灭火器具。根据贮气瓶安装位置又可分为内置贮气瓶式灭火器和外置贮气瓶式灭火器。压缩气体一般采用氮气，液化气体一般采用二氧化碳。使用时，先要开启贮气瓶，让驱动气体释放进入灭火剂容器内，然后再开启灭火器操作控制阀，喷射出灭火剂。由于国内不使用贮气瓶式灭火器，故不做示例。

3. 按充装灭火剂的种类分类

（1）干粉型灭火器

干粉型灭火器是指充装干粉灭火剂的灭火器具。干粉型灭火剂包括：①BC 干粉型灭火剂，适用于扑救可燃液体、可燃气体的初起火灾，也能扑救涉及带电设备的初起火灾；②ABC 干粉、超细干粉型灭火剂，适用于扑救可燃固体有机物质、可燃液体和可燃气体的初起火灾，也能扑救涉及带电设备的初起火灾；③D 类火灾专用干粉型灭火剂，适用于扑救相适应的一种或几种可燃金属的初起火灾。

（2）水基型灭火器

水基型灭火器是指充装以水为灭火剂基料的灭火器具。灭火剂包括清洁水或带添加剂的水，如湿润剂、增稠剂、阻燃剂或发泡剂等。适用于扑救可燃固体有机物质、可燃液体和可燃气体的初起火灾。

常见的水基型灭火器有手提贮压式水基型灭火器、推车贮压式水基型灭火器。手提贮压式水基型灭火器的外观基本结构示例如图 4–1–15 所示，其外观可视零部件与手提贮压式干粉型灭火器相同，仅喷嘴构造不同。水基型灭火器的压力指示器的标识为 S，如图 4–1–16 所示。推车贮压式水基型灭火器的外观基本结构示例如图 4–1–17 所示，其外观可视零部件与推车贮压式干粉型灭火器相同，只是喷射控制枪的喷嘴构造不同，并且其压力指示器的标识为 S。

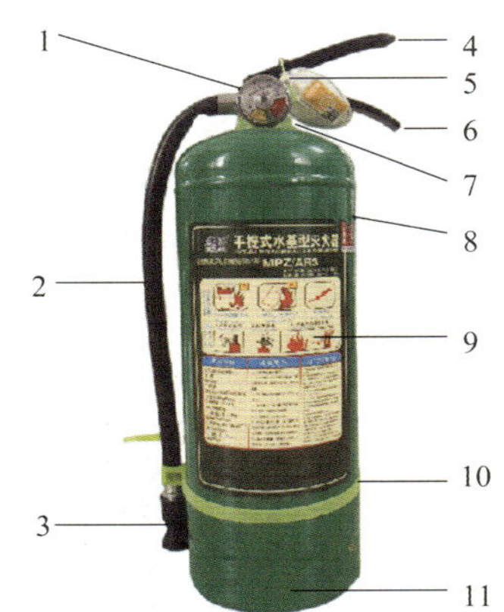

图 4–1–15　手提贮压式水基型灭火器的外部基本结构示例

1—压力指示器　2—喷射软管　3—喷嘴
4—阀门开启压把　5—保险装置及封记
6—提把　7—阀门　8—筒体
9—贴花标识　10—喷射软管固定圈
11—永久性钢印标识

（3）二氧化碳灭火器

二氧化碳灭火器是指充装二氧化碳气体作为灭火剂的灭火器具，适用于扑救可燃液体、可燃气体、涉及带电设备和精密电子仪器、贵重设备的初起火灾。在窄小和密闭的空间使用它后，要及时通风或将人员撤离现场，以防缺氧窒息。

常见的二氧化碳灭火器有手提式二氧化碳灭火器、推车式二氧化碳灭火器。手提式二氧化碳灭火器的外观基本结构示例如图 4–1–18 所示，主要有阀门开启压把、阀门、喷射管组件、喇叭筒、瓶体、贴花标识、永久性钢印标识、提把、保险装置及封记、超压安全保护装置等可视零部件。其中不大于 3 kg 的灭火器一般

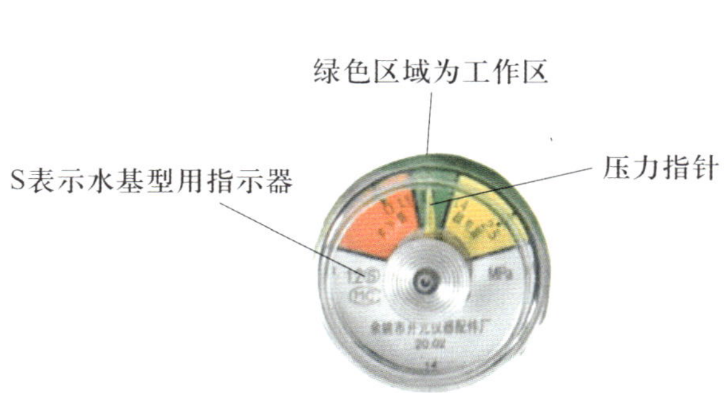

图 4-1-16 水基型灭火器压力指示器示例

图 4-1-17 推车贮压式水基型灭火器的外观基本结构示例

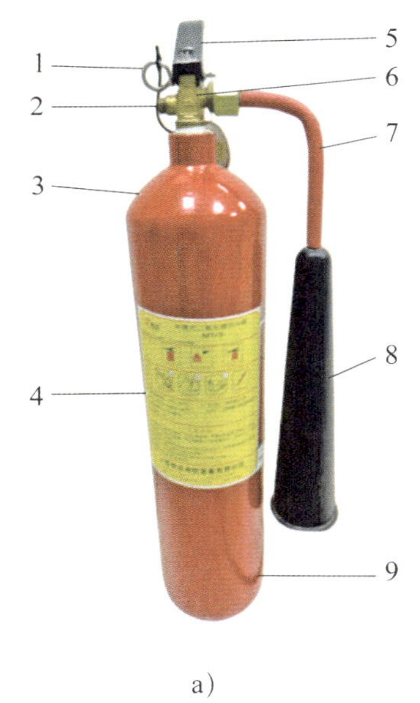

a）

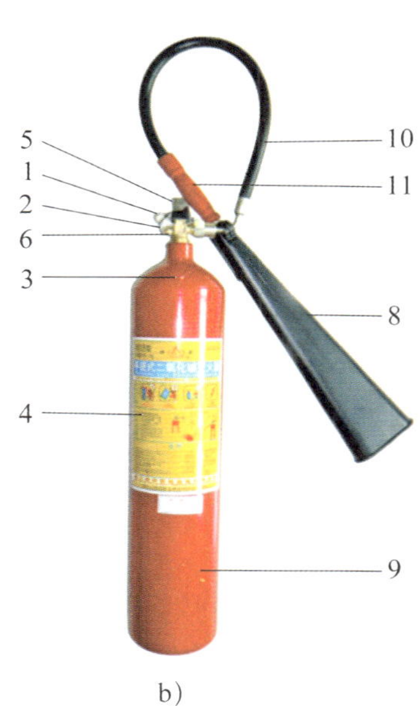

b）

图 4-1-18 手提式二氧化碳灭火器的外观基本机构示例

a）手提式二氧化碳灭火器 b）手提式二氧化碳灭火器（>3 kg）

1—保险装置及封记 2—超压安全保护装置 3—永久性钢印标识 4—贴花标识 5—阀门开启压把 6—阀门 7—刚性喷射管 8—喇叭筒 9—瓶体 10—喷射软管 11—防静电手柄

配置能旋转的刚性喷射管，可固定锁住喇叭筒的喷射角度，如图 4-1-18a 所示。大于 3 kg 的灭火器配置的喷射软管组件由防静电手柄、接头和喷射软管组成，如图 4-1-18b 所示。推车式二氧化碳灭火器的外观基本结构示例如图 4-1-19 所示，主要有阀门、喷射软管组件、喇叭筒、瓶体、贴花标识、永久性钢印标识、防静电手柄，以及推车车架、车轮组件、瓶体固定装置等可视零部件。

（4）洁净气体灭火器

洁净气体灭火器是指充装非导电的气体或汽化液体作为灭火剂的灭火器具。这种灭火剂易蒸发，不留残余物，主要包括卤代烷烃类气体、惰性气体和惰性混合气体等。适用于扑救易燃和可燃液体、可燃气体、可燃固体及涉及带电设备的初起火灾。

手提式洁净气体灭火器和推车式洁净气体灭火器的外观基本结构及可视零部件与贮压式干粉灭火器相同，区别仅是其压力指示器的标识为 J。

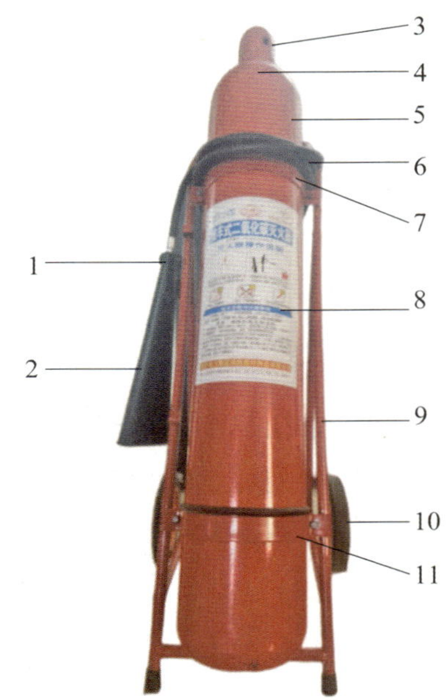

图 4-1-19　推车式二氧化碳灭火器的外观基本结构示例

1—防静电手柄　2—喇叭筒　3—阀门防护罩　4—永久性钢印标识　5—瓶体　6—喷射软管　7、11—瓶体固定装置　8—贴花标识　9—推车车架　10—推车车轮

要点 4：消防自救呼吸器的分类

消防自救呼吸器是供人员逃生时一次性佩戴使用，保护人体呼吸器官不受外界有毒气体伤害的专用呼吸装置，具有体积小、质量小、便于使用、携带方便等特点，是重要的逃生避难器材之一。

按照作用原理，消防自救呼吸器可分为过滤式消防自救呼吸器和化学氧消防自救呼吸器两类。

1. 过滤式消防自救呼吸器

过滤式消防自救呼吸器是通过过滤装置吸附、吸收、催化及直接过滤等作用去除一氧化碳、烟雾等有害气体，供人员在发生火灾时逃生用的呼吸装置。适用于宾馆、饭店、商场、公共娱乐场所、医院、学校、养老院、幼儿园等人员密集场所，且使用时空气中氧气浓度不得低于 17%。

过滤式消防自救呼吸器应由防护头罩、过滤装置（过滤罐）和半面罩组成，或由防护头罩和过滤装置组成。产品应贮存在温度为 0 ~ 40℃，通风良好的室内；应远离热源；不得与易燃品、腐蚀性物品存放在一起；产品有效期一般为 3 年。过滤式消防自救呼吸器基本结构如图 4-1-20、图 4-1-21 所示。

图 4-1-20　过滤式消防自救呼吸器正面示例　　图 4-1-21　过滤式消防自救呼吸器侧面示例

根据国家标准《建筑火灾逃生避难器材 第 7 部分：过滤式消防自救呼吸器》（GB 21976.7—2012）的规定，按呼吸器的备用状态可分为存放型和携带型，存放型省略表示，携带型用 D 表示。按呼吸器的额定防护时间可分为 15 min、20 min、25 min 和 30 min。“TZL30”表示额定防护时间为 30 min 的存放型过滤式消防自救呼吸器，如图 4-1-22 所示。

2. 化学氧消防自救呼吸器

化学氧消防自救呼吸器是通过将人的呼吸器官同外界环境隔绝，利用化学生氧剂产生的氧，供人员在发生火灾时缺氧情况下逃生用的呼吸器。适用于娱乐场所、大型商场、酒店、高层住宅、地下工程等场所，除发生火灾时供人员逃生使用外，还可用于在有毒气体或缺氧环境下作业人员的防护等。地下建筑应配备化学氧消防自救呼吸器。按呼吸器的额定防护时间分为四种型式：15 型、20 型、25 型和 30 型。“HFZY30”表示额定防护时间为 30 min 的化学氧消防自救呼吸器，如图 4-1-23 所示。

图 4-1-22　存放型过滤式消防自救呼吸器示例

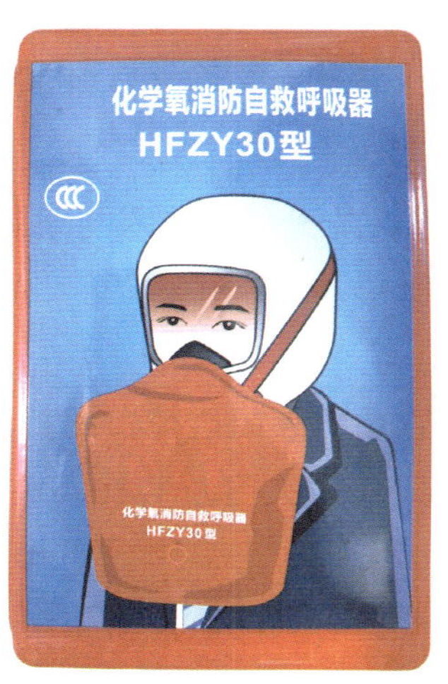

图 4-1-23　化学氧消防自救呼吸器示例

化学氧消防自救呼吸器应由防护头罩、面罩、药罐、通气管和贮气袋组成，连接应牢固可靠，在不借助工具的情况下应不易拆开。产品应贮存在温度为 0 ~ 40 ℃，通风良好的室内；远离热源，不得与易燃品、腐蚀性物品存放在一起；产品有效期一般为 4 年。化学氧消防自救呼吸器基本结构如图 4–1–24、图 4–1–25 所示。

图 4–1–24　化学氧消防自救呼吸器正面示例

图 4–1–25　化学氧消防自救呼吸器背面示例

【专业技能】

技能 1：如何判断防火门的工作状态

1. 实地巡查防火门工作状态

消防安全管理人员可采取对防火门所在部位现场巡查的方法，判断防火门是否处于正常状态，确认常开式、常闭式防火门以及常闭式疏散门是否处于正常状态。

2. 查看防火门监控器判断防火门工作状态

以下操作方法针对某特定产品，对于其他厂家和型式的产品，请参照其产品说明书进行。

（1）查看防火门监控器的指示灯和显示屏状态，确认与监控器连接的所有常开式、常闭式防火门及监控模块是否处于正常状态，如图 4–1–26 至图 4–1–28 所示。

（2）根据防火门监控器手动控制盘设置的按钮，找到对应常开式防火门的关闭按钮，按下启动按钮，远程控制防火门关闭，查看防火门动作信号反馈显示，如图 4–1–29、图 4–1–30 所示。

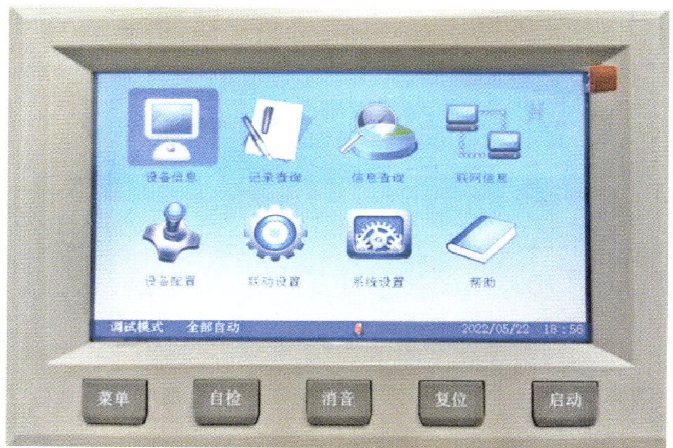

图 4-1-26 防火门监控器的正常监视状态

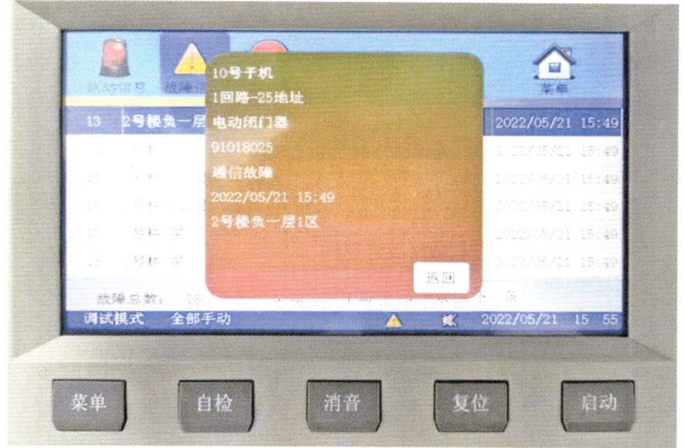

图 4-1-27 防火门电动闭门器通信故障

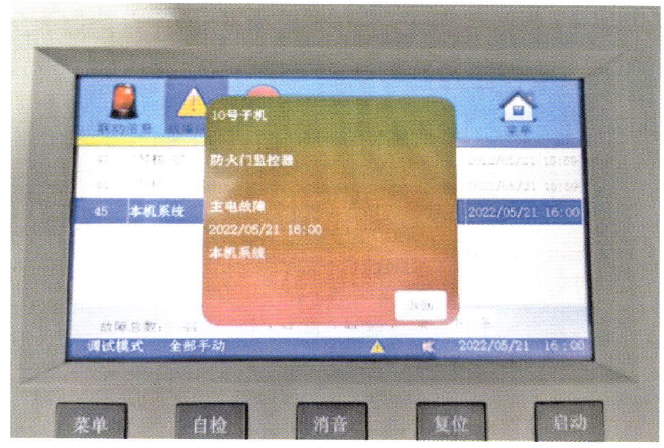

图 4-1-28 防火门监控器电源故障状态

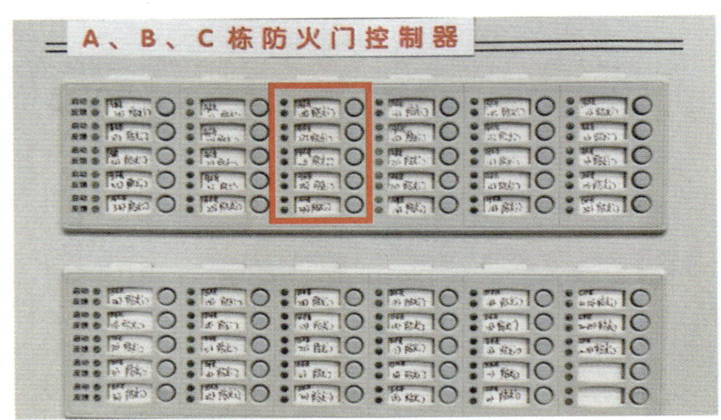

图 4–1–29　防火门监控器手动控制按钮

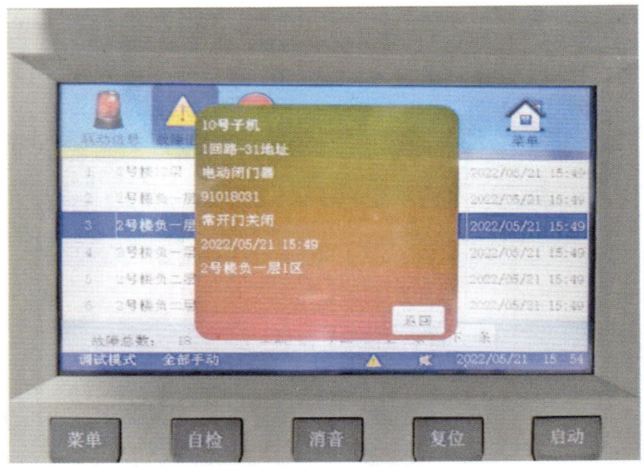

图 4–1–30　防火门监控器的防火门关闭动作反馈信号

（3）在现场操作电动闭门器上的手动控制按钮，手动控制常开式防火门关闭，如图 4–1–31 所示。查看防火门监控器是否收到信号反馈显示，如图 4–1–32 所示。

（4）当常闭式防火门安装有门磁开关时，在现场从任意一侧手动开启常闭式防火门，松手后观察防火门是否能自动关闭，观察防火门的开启、关闭状态信号是否反馈到防火门监控器和火灾报警控制器。

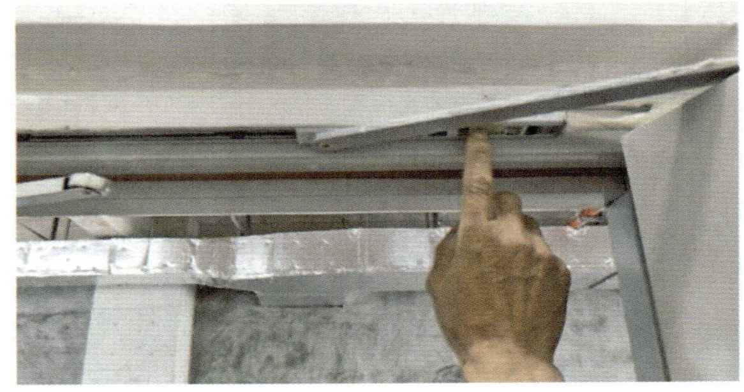

图 4–1–31　现场手动关闭常开式防火门示例

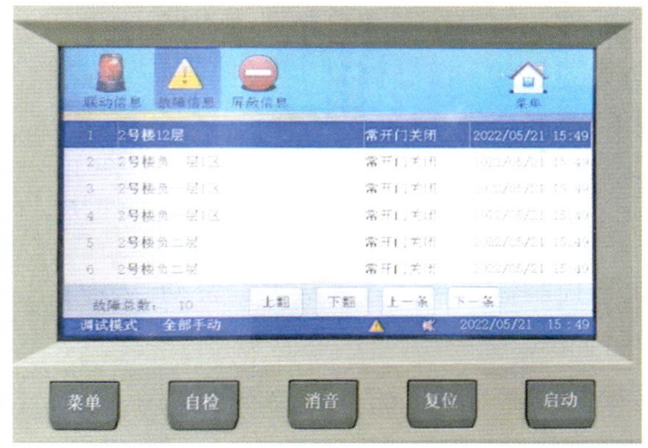

图 4-1-32　常开式防火门关闭动作信号反馈显示示例

（5）查看防火门监控器显示屏是否有故障状态显示，应及时上报维修并填写故障维修记录。

技能 2：如何判断防火卷帘的工作状态

1. 现场巡查防火卷帘工作状态

消防安全管理人员可以采取直接到现场对防火卷帘所在部位现场巡查的方法，判断防火卷帘是否处于正常工作状态，在未发生火灾时，防火卷帘应当处于收卷状态，确认火灾后，防火卷帘应下降至楼板面。

2. 查看防火卷帘控制器判断防火卷帘的工作状态

以下操作方法针对某特定产品，对于其他厂家和型式的产品，请参照其产品说明书进行。

（1）通过查看防火卷帘控制器面板的指示灯状态，确认现场防火卷帘是否处于正常监控状态，正常监视、故障状态分别如图 4-1-33a、图 4-1-33b 所示。

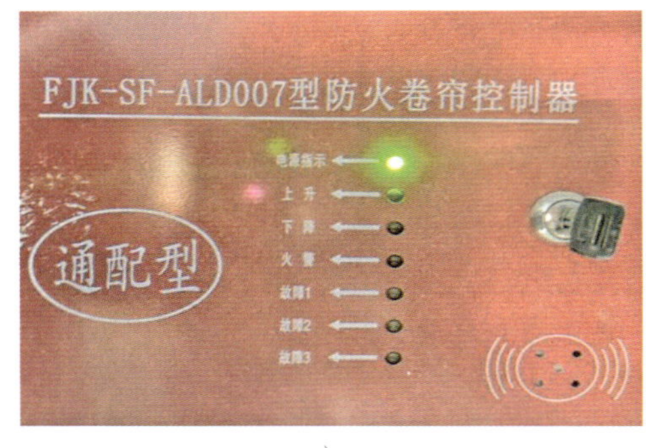

a）

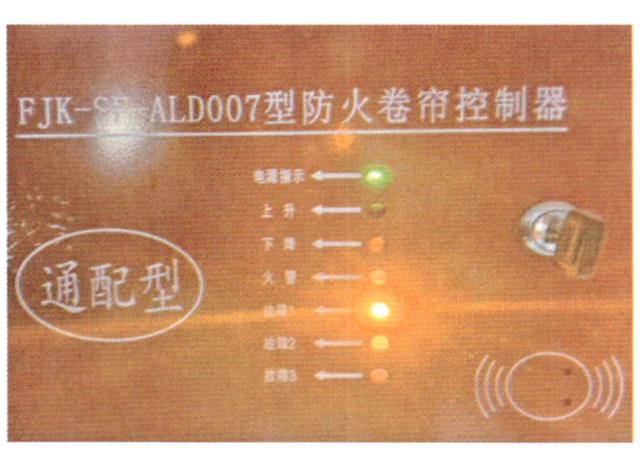

b）

图 4-1-33　防火卷帘控制器显示

a）正常监视状态　b）故障状态

（2）在防火卷帘任意一侧操作手动控制按钮（见图 4–1–34），控制防火卷帘的下降、停止、上升，观察卷帘是否能正常工作。

（3）查看防火卷帘控制器是否收到并显示防火卷帘动作反馈信号（见图 4–1–35）。

（4）查看火灾报警控制器是否接收到防火卷帘动作反馈信号（见图 4–1–36）。

（5）查看防火卷帘控制器是否存在故障状态显示，如有故障应及时上报处理，并填写故障记录。

图 4–1–34　手动控制按钮操作

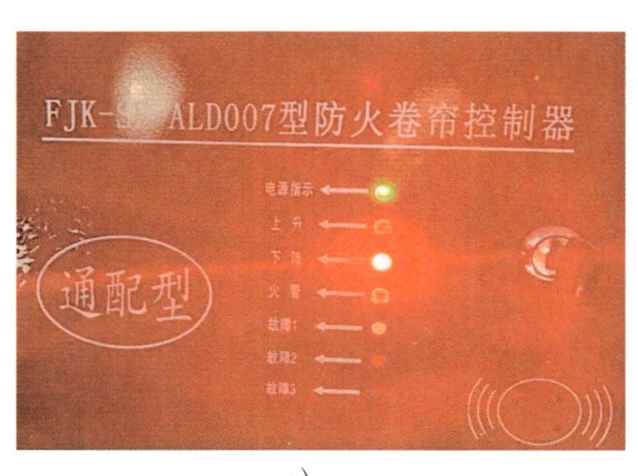

a）

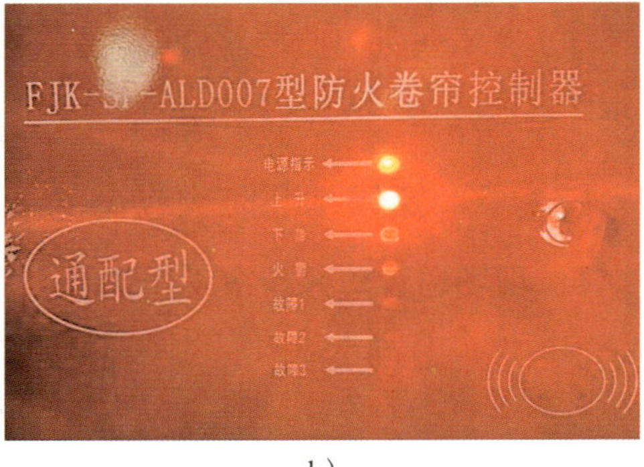

b）

图 4–1–35　防火卷帘控制器显示防火卷帘动作反馈信号

a）手动操作防火卷帘下降指示灯　b）手动操作防火卷帘上升指示灯

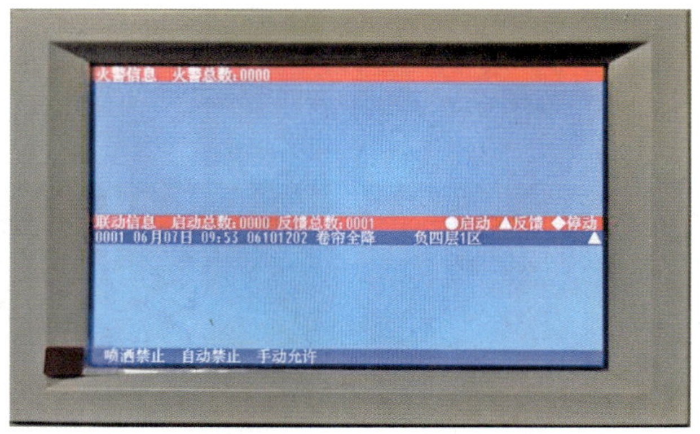

图 4–1–36　防火卷帘动作反馈信号示例

3. 查看火灾报警控制器判断防火卷帘的工作状态

（1）通过查看火灾报警控制器显示屏的状态显示，直接判断现场防火卷帘是否处于正常工作状态。

（2）进入火灾报警控制器的“手动允许”操作权限，找到火灾报警控制器总线控制盘上对应防火卷帘的启动按钮，按下启动按钮远程控制防火卷帘下降，观察反馈灯是否在 10 s 内点亮，如反馈灯点亮，说明启动成功（见图 4–1–37），如反馈灯一直闪烁，说明启动不成功。

（3）成功远程控制防火卷帘下降后，查看火灾报警控制器是否及时收到防火卷帘动作反馈信号，如图 4–1–38 所示。

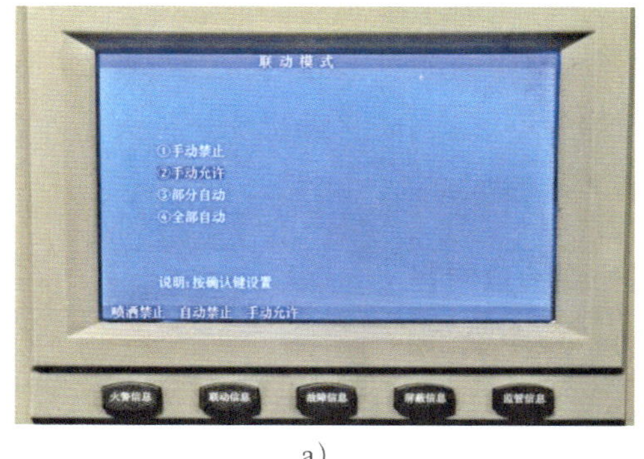

a）

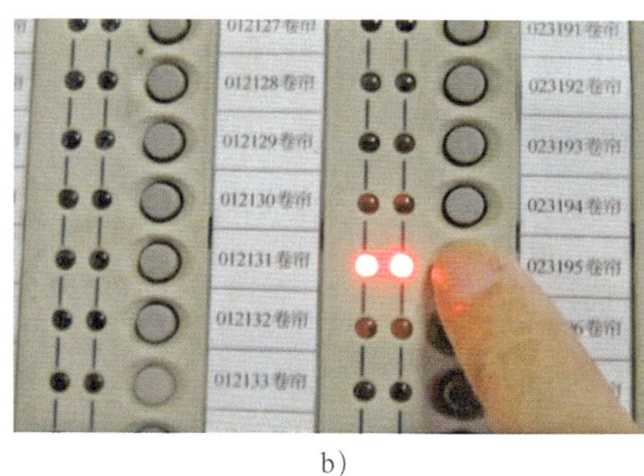

b）

图 4–1–37　手动控制盘操作防火卷帘下降

a）进入火灾报警控制器“手动允许”操作权限　b）按下总线控制盘的启动按钮

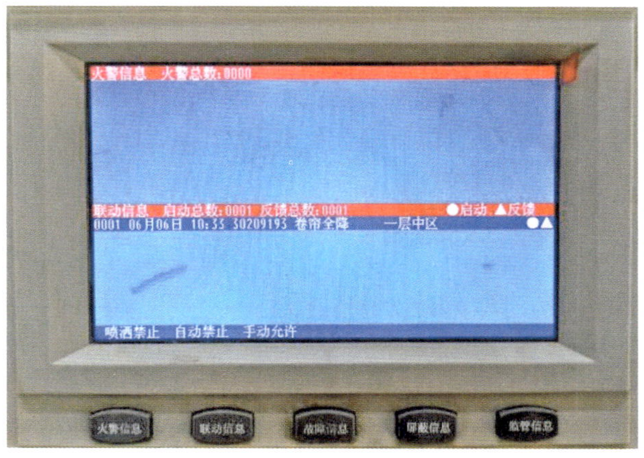

图 4–1–38　防火卷帘动作反馈信号示例

技能 3：如何判断灭火器的有效性

灭火器有效性检查主要根据分类、外观结构及配置安装要求进行查看、判断。

1．核查布置位置

按配置设计文件（或工程竣工图）要求核查待检灭火器布置位置是否符合要求。

2. 取出灭火器

根据场所配置安装要求，将手提式灭火器从灭火器箱和挂架、挂钩等安装配件中取出，或者将推车式灭火器移动至待检区域。

3. 辨认灭火器

根据铭牌标识和外观零部件，辨认灭火器的具体类型，同时确认是否符合配置场所要求。

4. 检查灭火器

通常采用目测或主观感受等方法对灭火器外观和配置安装进行检查，查找是否存在缺陷隐患问题。要按照规程规范操作，保护灭火器，防止误操作。灭火器外观检查内容和配置安装检查内容见表 4–1–1、表 4–1–2。

表 4–1–1　灭火器外观检查内容

<table>
<tr><th colspan="2" rowspan="2">灭火器类型</th><th colspan="2">外观部件检查内容</th></tr>
<tr><th>共性检查内容</th><th>个性检查内容</th></tr>
<tr><td rowspan="2">手提贮压式</td><td>干粉型</td><td rowspan="2">（1）灭火器标识是否完好（维修过的产品则应包括维修合格证标识完好），标识的信息（灭火剂、驱动气体的种类、充装压力、总质量、灭火级别、制造厂名和生产日期或维修日期等标志及操作说明）是否清晰、齐全
（2）铅封、销闩等保险装置是否无损坏或遗失
（3）提把和压把是否无变形
（4）瓶体外表是否无明显缺陷和损伤（如磕伤、划伤、锈蚀、泄露等）
（5）喷嘴是否无堵塞、脱落、连接松动和损伤等现象
（6）是否无达到维修期限或报废期限等缺陷</td><td>（1）压力指示器指示区域是否清晰，外表无明显变形和损伤
（2）压力指示器指针指示是否在绿区范围内
（3）超压保护装置是否无明显损伤（配置时）
（4）瓶底和焊缝是否无明显锈蚀
（5）喷嘴内是否无干粉残留物</td></tr>
<tr><td>水基型</td><td>（1）压力指示器指示区域是否清晰，外表无明显变形和损伤
（2）压力指示器指针指示是否在绿区范围内
（3）超压保护装置是否无明显损伤（配置时）
（4）瓶底和焊缝是否无明显锈蚀
（5）可拆卸式喷嘴内部部件是否无缺损</td></tr>
</table>

续表

<table>
<tr><th colspan="2" rowspan="2">灭火器类型</th><th colspan="2">外观部件检查内容</th></tr>
<tr><th>共性检查内容</th><th>个性检查内容</th></tr>
<tr><td rowspan="2">手提贮压式</td><td>洁净气体</td><td rowspan="2">（7）喷射软管是否完好，无明显变形、龟裂、脱落和连接松动等现象
（8）灭火器是否未开启、未喷射过</td><td>（1）压力指示器指示区域是否清晰，外表无明显变形和损伤
（2）压力指示器指针指示是否在绿区范围内
（3）超压保护装置是否无明显损伤（配置时）
（4）瓶底和焊缝是否无明显锈蚀</td></tr>
<tr><td>二氧化碳</td><td>（1）灭火器总质量是否无明显减轻
（2）超压保护装置泄压孔是否无堵塞
（3）刚性喷射管能旋转，可固定锁住喷射喇叭筒的喷射角度
（4）喷射喇叭筒无明显损伤</td></tr>
<tr><td rowspan="2">推车贮压式</td><td>干粉型</td><td rowspan="2">（1）灭火器标识是否完好（维修过的产品则应包括维修合格证标识完好），标识的信息（灭火剂、驱动气体的种类、充装压力、总质量、灭火级别、制造厂名和生产日期或维修日期等标志及操作说明）是否清晰、齐全
（2）铅封、销闩等保险装置是否无损坏或遗失
（3）瓶体外表是否无明显的损伤（如磕伤、划伤、锈蚀、泄露等）
（4）阀门操作机构（如开启杠杆或旋转手柄、手轮）是否无损坏</td><td>（1）压力指示器指示区域是否清晰，外表无明显变形和损伤
（2）压力指示器指针指示是否在绿区范围内
（3）喷射枪开关是否灵活，连接是否无松动
（4）超压保护装置是否无明显损伤（配置时）
（5）喷嘴内是否无干粉残留物</td></tr>
<tr><td>水基型</td><td>（1）压力指示器指示区域是否清晰，外表无明显变形和损伤
（2）压力指示器指针指示是否在绿区范围内
（3）喷射枪开关是否灵活，连接是否无松动
（4）超压保护装置是否无明显损伤（配置时）
（5）可拆卸式喷嘴部件是否无缺损</td></tr>
</table>

续表

<table>
<tr><th colspan="2" rowspan="2">灭火器类型</th><th colspan="2">外观部件检查内容</th></tr>
<tr><th>共性检查内容</th><th>个性检查内容</th></tr>
<tr><td rowspan="2">推车贮压式</td><td>洁净气体</td><td rowspan="2">（5）喷嘴是否无堵塞、松动或损伤等现象
（6）灭火器筒体（或瓶体）与车架连接是否无松动
（7）喷射软管是否完好，无明显变形、龟裂、脱落和连接松动等现象
（8）车轮和车架是否无明显损伤，是否推（拉）自如
（9）是否无未达到维修期限或报废期限等缺陷</td><td>（1）压力指示器指示区域是否清晰，外表无明显变形和损伤
（2）压力指示器指针指示是否在绿区范围内
（3）喷射枪开关是否灵活，连接是否无松动
（4）超压保护装置是否无明显损伤（配置时）</td></tr>
<tr><td>二氧化碳</td><td>（1）灭火器总质量是否无明显减轻
（2）超压保护装置泄压孔是否无堵塞
（3）喇叭筒是否无明显损伤
（4）防静电手柄是否完好</td></tr>
</table>

表 4-1-2　灭火器配置安装检查内容

序号	检查内容
1	灭火器是否被放置在设计规定的位置，且位置明显，便于取用
2	灭火器是否摆放稳固，周围是否存在障碍物、灭火器被拴系等现象
3	灭火器的铭牌是否朝外，灭火器头部是否向上
4	灭火器箱箱门是否被遮挡、上锁或栓系，阻碍取拿灭火器
5	灭火器挂钩或挂架是否出现松动、脱落和明显变形
6	灭火器放置场所是否符合灭火器的使用温度，是否按照场所特点，有相应防湿、防腐蚀、防寒、防晒等保护措施
7	同一灭火器配置单元采用不同类型灭火器时，其灭火剂是否能相容
8	灭火器配置场所内任意一点都在灭火器设置点的保护范围内
9	灭火器类型、数量和灭火级别配置是否符合要求

5. 判断检查结果

如上述检查内容全部“合格”，则判断该灭火器处在完好有效状态。若以上检查内容中出现一项或多项存在“不合格”，则认为该灭火器未处在完好有效状态，需要进行分析和处置。

6. 检查处理灭火器

外观检查中发现的缺陷，若不能立即纠正，则应及时记录上报，送有资质维修机构进行维修。配置安装检查中发现序号 1 ~ 6 检查项目（维护管理问题）存在“不合格”的情况，则应按照灭火器保养相关内容进行纠正；对于配置安装检查中发现序号 7 ~ 9 检查项目（配置选型问题）存在“不合格”的情况，则应及时记录上报，安排设计单位或施工安装单位解决。

7. 登记检查情况

在相关记录表上准确填写检查情况和检查结论，见表 4–1–3。

表 4–1–3　建筑灭火器检查记录表

检查内容和要求		检查记录	检查结论
配置检查	灭火器是否被放置在设计规定的位置，且位置明显，便于取用		
	灭火器是否摆放稳固，周围是否存在障碍物、灭火器被拴系等现象		
	灭火器的铭牌是否朝外，灭火器头部是否向上		
	灭火器箱箱门是否被遮挡、上锁或栓系，阻碍取拿灭火器		
	灭火器挂钩或挂架是否出现松动、脱落和明显变形		
	灭火器放置场所是否符合灭火器的使用温度，是否按照场所特点，有相应防湿、防腐蚀、防寒、防晒等保护措施		
	同一灭火器配置单元采用不同类型灭火器时，其灭火剂是否能相容		
	灭火器配置场所内任意一点都在灭火器设置点的保护范围内		
	灭火器类型、数量和灭火级别配置是否符合要求		
外观检查	灭火器铭牌是否无残缺，并清晰明了		
	灭火器铭牌上关于灭火剂、驱动气体的种类、充装压力、总质量、灭火级别、制造厂名和生产日期或维修日期等标志及操作说明是否齐全		
	灭火器的铅封、销闩等保险装置是否未损坏或遗失		
	灭火器的筒体是否无明显的损伤（磕伤、划伤）、缺陷、锈蚀（特别是筒底和焊缝）、泄漏		

续表

检查内容和要求		检查记录	检查结论
外观检查	灭火器喷射软管是否无明显变形、龟裂、脱落和连接松动等现象（配置时）		
	灭火器的驱动气体压力是否在工作压力范围内（贮压式灭火器查看压力指示器是否指示在绿区范围内，二氧化碳灭火器和储气瓶式灭火器可用称重法检查）		
	是否无达到维修期限或报废期限等缺陷		
	灭火器是否未开启、喷射过		

技能 4：如何判断消防自救呼吸器的有效性

1. 过滤式消防自救呼吸器检查方法

（1）核查布置位置

呼吸器应放置在取用方便、通风干燥的地方，符合远离热源、易燃物和腐蚀品的要求。

（2）检查外观

随机抽取 1 具呼吸器，检查包装盒清洁度，真空包装袋不应出现被开启、撕裂或损坏等情形。

（3）检查说明、标识

检查被抽取呼吸器标识内容、使用说明书是否完整，是否印有“本产品仅供一次性逃生使用，不能用于工作保护”字样。使用时注意事项示例如图 4-1-39 所示，用途、技术要求、使用方法示例如图 4-1-40 所示。检查过程中，要保护好呼吸器。

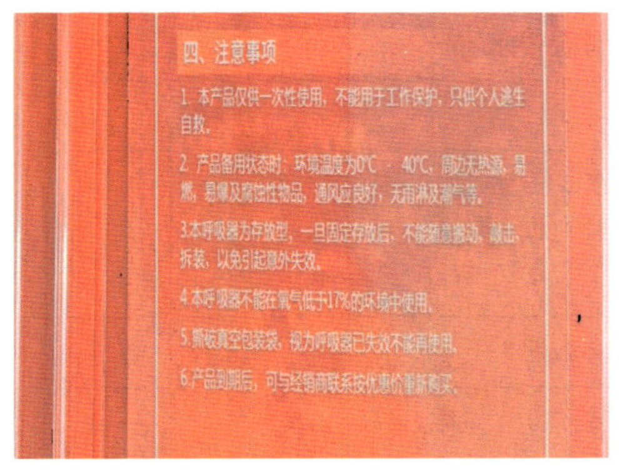

图 4-1-39　使用时注意事项示例

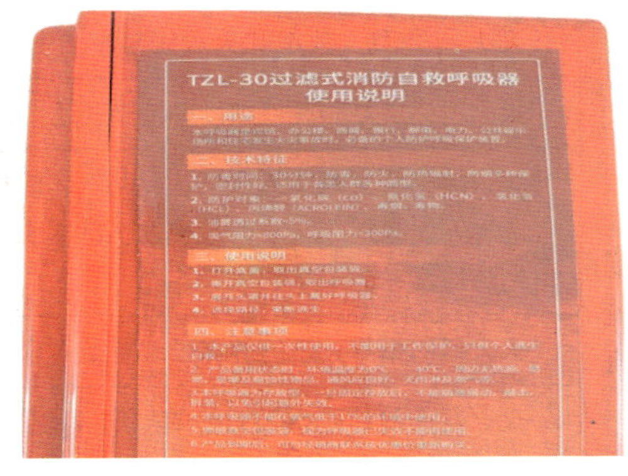

图 4-1-40　用途、技术要求、使用方法示例

（4）检查有效期

检查被抽取呼吸器产品是否处于有效期，过滤式消防自救呼吸器的产品有效期一般为 3 年。合格证及相关标识示例如图 4–1–41 所示。

图 4–1–41　合格证及相关标识示例

（5）登记检查情况

在相关记录表上准确填写检查情况和检查结论，做好档案备查。

2. 化学氧消防自救呼吸器检查方法

（1）核查布置位置

呼吸器应放置在取用方便、通风干燥的地方，符合远离热源、易燃物和腐蚀品的要求。

（2）检查外观

随机抽取 1 具呼吸器，检查包装盒外观，不应出现被开启、撕裂、损坏或变形等情形。包装盒封贴示例如图 4–1–42 所示。

（3）检查说明、标识

检查被抽取呼吸器的标识内容、使用说明书是否完整，是否印有“本产品仅供一次性逃生使用，不能用于工作保护”字样。使用说明和工作原理如图 4–1–43 所示，使用方法、注意事项示例如图 4–1–44 所示。检查过程中，要保护好呼吸器。

（4）检查有效期

检查被抽取呼吸器产品是否处于有效期，化学氧消防自救呼吸器的产品有效期一般为 4 年。

（5）登记检查情况

在相关记录表上准确填写检查情况和检查结论，做好档案备查。

图 4–1–42　包装盒封贴示例

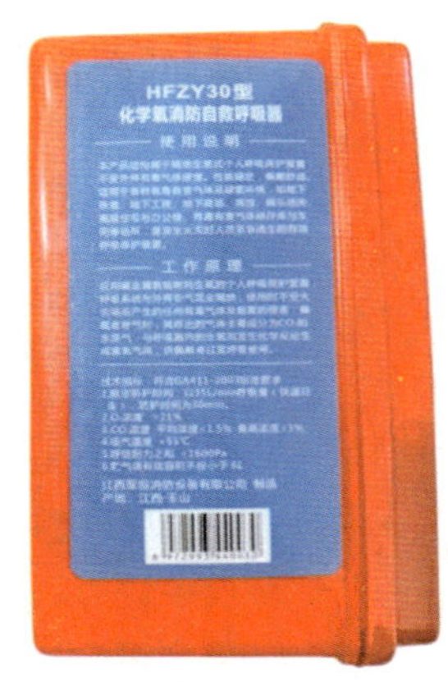

图 4–1–43　使用说明和工作原理示例

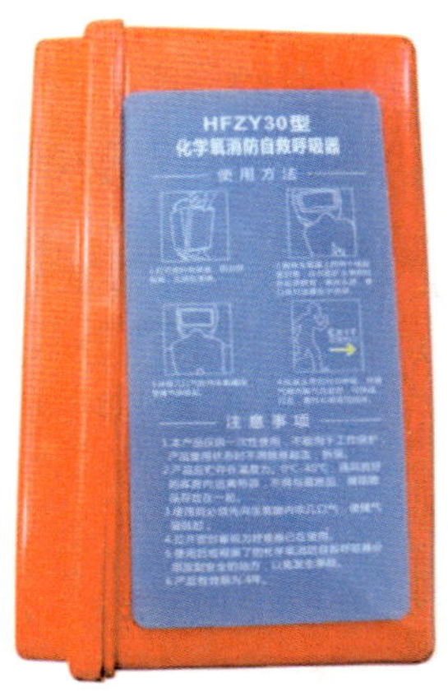

图 4–1–44　使用方法和注意事项示例

第二节　其他消防设施操作

【知识要点】

要点 1：灭火器的选择和操作方法

1．灭火器的选择方法

不同类型的灭火器具有不同灭火能力和特性，是选择及配置灭火器的主要依据，同时还要考虑灭火剂适用性、污损程度、喷射距离和有效喷射时间等因素。

《火灾分类》（GB/T 4968—2008）的规定，将火灾分为 A、B、C、D、E、F 六类。A 类火灾指固体物质火灾，如木材、干草、煤炭、棉、毛、麻、纸张等火灾。B 类火灾指液体或可熔化的固体物质火灾，如煤油、柴油、原油、甲醇、乙醇、沥青、石蜡、塑料等火灾。C 类火灾指气体火灾，如煤气、天然气、甲烷、乙烷、丙烷、氢气等火灾。D 类火灾指金属火灾，如钾、钠、镁、钛、锆、锂、铝镁合金等火灾。E 类火灾指带电火灾，物体带电燃烧的火灾。F 类火灾指烹饪器具内的烹饪物（如动植物油脂）火灾。

扑救 A 类火灾场所应选择同时适用于 A 类、E 类火灾的灭火器。扑救 B 类火灾场所应选择适用于 B 类火灾的灭火器。B 类火灾场所存在水溶性可燃液体（极性溶剂）且选择水基型灭火器时，应选用抗溶性的灭火器。扑救 C 类火灾场所应选择适用于 C 类火灾的灭火器。扑救 D 类火灾场所应根据金属的种类、物态及其特性选择适用于特定金属的专用灭火器。扑救 E 类火灾场所应选择适用于 E 类火灾的灭火器。带电设备电压超过 1 kV 且灭火时不能断电的场所不应使用灭火器带电扑救。扑救F类火灾场所应选择适用于E类、F类火灾的灭火器。当配置场所存在多种火灾时，应选用能同时适用扑救该场所所有种类火灾的灭火器。

2. 灭火器的操作方法

下面介绍几种典型灭火器的灭火操作方法。

（1）干粉型灭火器的操作方法

1）扑救A类火灾。将灭火器移至火场，靠近燃烧物，解除保险装置。若不带喷射软管，则一只手托住灭火器的底部，将喷嘴对准火源，另一只手抓提把按下压把；若灭火器带喷射软管，则一只手握住喷射软管末端喷嘴对准火源，另一只手抓提把按下压把。对准火源根部来回覆盖喷射，直至火势范围缩小，不断靠近燃烧物，对着火焰或余烬进行喷射。若由两人配合使用推车贮压式干粉型灭火器进行灭火时，一人负责推（或拉）灭火器，去除保险装置，开启灭火器阀门，随灭火者移动灭火器的位置；另一人从车架上取下喷射软管并完全展开，双手紧握喷射控制枪，开启喷射控制枪阀门，按上述方法进行灭火。若在室外灭火，应选择在火场的上风方向喷射。

2）扑救B类火灾。按扑救A类火灾所述的移动灭火器和开启灭火阀门的方法进行喷射灭火。若为容器内火灾，应对准液体燃料火焰根部进行喷射，喷射流应覆盖容器开口表面，将燃烧面积缩小，直至火焰全部扑灭或灭火剂喷完，应注意避免射流的冲击使可燃液体溅出而扩大火势，造成灭火困难；若是流淌火灾，应对准流淌火边缘快速地摆动扫射，然后向一个固定的方向逐步推进，使灭火剂覆盖在燃烧液体表面，使燃烧面积缩小，直至火焰全部熄灭或灭火剂喷完。在有限空间内的人员，喷射干粉后应及时撤离，避免干粉对呼吸道产生刺激作用。若在室外灭火，都应选择在火焰的上风方向喷射。灭火后应及时清除残存在物品上的干粉，否则有腐蚀性。

（2）水基型灭火器的操作方法

1）扑救A类火灾。其操作方法与干粉型灭火器的使用方法相同。

2）扑救B类火灾。按前述移动灭火器和开启灭火器阀门的方法进行喷射灭火。若是容器内火灾，应对准容器壁喷射，可使灭火剂自流覆盖在燃烧液体的表面，对火焰形成合围，直至封闭整个燃烧液面，应注意避免射流的冲击使可燃液体溅出而扩大火势，造成灭火困难；若是流淌火灾，应对准流淌火的外围边界喷射灭火剂，阻止火势蔓延，然后向内扫射，使燃烧面积缩小，直至火焰全部熄灭或灭火剂喷完。若在室外灭火，都应选择在火焰的上风方向喷射。对于甲醇、乙醇、丙酮等极性溶剂火灾，只能使用抗溶性水基型灭火器。

（3）二氧化碳灭火器的操作方法

将灭火器移至火场，靠近燃烧物，解除保险装置。若灭火器不带喷射软管，则应将与喇叭筒相连的刚性喷射管往上扳动至喇叭筒能对准燃烧物，可一只手托住灭火器的底部，另一只手抓提把按下压把，开启灭火器阀门进行喷射。若是带喷射软管的灭火器，则一只手握住喇叭筒上部的防静电手柄，将喇叭筒对准燃烧物，另一只手抓提把按下压把，开启灭火器阀门进行喷射。保持喷射姿势，直到二氧化碳集中在燃烧区域达到灭火浓度，火焰熄灭。若由两人配合使用推车式二氧化碳灭火器时，应一起将灭火器推（或拉）至火场，靠近燃烧物区域后，一人快速取下喇叭筒并展开喷射软管，握住喇叭筒上部的防静电手柄，将喇叭筒对准燃烧物；另一人快速去掉保险装置，按逆时针方向旋开阀门手轮，并开到最大位置实施灭火。注意在受限密闭空间使用二氧化碳灭火器灭火后，使用者应迅速撤离，否则易缺氧窒息。使用时不能用裸手直接握住喇叭筒，以防冻伤。不宜在室外有大风或室内有强烈空气对流处使用。

（4）洁净气体灭火器的操作方法

洁净气体灭火器的使用方法与干粉型灭火器相同。但由于该类灭火剂的灭火能效较低，尽量不要采用间歇喷射，以保证灭火剂的灭火浓度。注意在受限密闭空间使用洁净气体灭火器灭火后，使用者应迅速撤离，否则存在中毒风险。不宜在室外有大风或室内有强烈空气对流处使用。

要点 2：消防自救呼吸器的原理构造和使用注意事项

1. 过滤式消防自救呼吸器

过滤式消防自救呼吸器通过过滤装置（一般填充吸附能力强且呼吸阻力小的活性炭）对毒害物质进行吸附、吸收、催化及直接过滤，将安全无害的空气输送给逃生人员进行呼吸。过滤式消防自救呼吸器包含防护头罩、过滤装置（过滤罐）和半面罩、脖套及固定带等部件。过滤式消防自救呼吸器防护头罩如图 4–2–1 所示，过滤装置（过滤罐）如图 4–2–2 所示，脖套及固定带如图 4–2–3 所示。

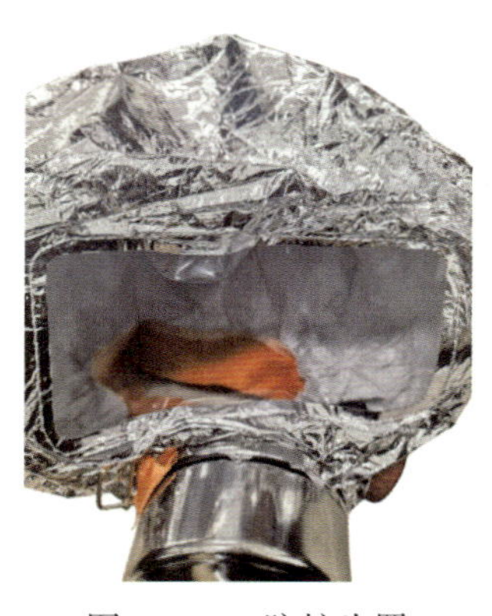

图 4–2–1　防护头罩

图 4–2–2　过滤装置（过滤罐）

使用注意事项：①不可重复使用，不能用于工作保护；②使用环境空气中氧气浓度不得低于 17%；③使用过程中不能随意摘下；④仅供成年人逃生使用；⑤若存放型过滤式消防自救呼吸器包装盒盖的开启封条及塑料密封包装袋被破坏，视为呼吸器已失效；⑥使用过滤式消防自救呼吸器时，佩戴眼镜者无须摘下眼镜，长发使用者应将头发全部卷进防护头罩内，防止外露头发降低密闭性。

图 4-2-3　脖套及固定带

2. 化学氧消防自救呼吸器

化学氧消防自救呼吸器采用循环式闭路呼吸系统。佩戴者呼出的气体进入生氧药罐，药罐反应产生氧气，进入气囊贮存起来，佩戴者直接吸入气囊中的氧气，不受外界环境有害气体的影响。化学氧消防自救呼吸器应由防护头罩、面罩、药罐、通气管、贮气袋、脖套及固定带等部件组成。

防护头罩内面罩一般采用柔软橡胶制造，如图 4-2-4 所示；药罐如图 4-2-5 所示；贮气袋如图 4-2-6 所示；脖套及固定带如图 4-2-7 所示。

图 4-2-4　防护头罩

图 4-2-5　药罐

图 4-2-6　贮气袋

图 4-2-7　脖套及固定带

使用注意事项：①不可重复使用，不能用于工作保护和水下使用；②使用过程中不能随意摘下；③不得随意搬动、敲击、拆装，防止失效；④仅供成年人逃生使用；⑤使用或报废后，需用水将药罐、药剂全部冲洗溶解处理，严禁随意丢弃；⑥使用化学氧消防自救呼吸器时，佩戴眼镜者无须摘下眼镜，长发使用者应将头发全部卷进头罩内，防止外露头发降低密闭性。

【专业技能】

技能 1：如何选择和操作灭火器

1. 判断火灾类型

根据起火物品的种类，判断火灾属于 A 类、B 类、C 类、D 类、E 类、F 类哪个类型。

2. 选择灭火器

根据火灾类型，识别灭火器铭牌上的型号、类型和规格标注，选出合适的灭火器。型号识别示例见表 4–2–1。

表 4–2–1　型号识别示例

分类	型号	型号含义
手提式灭火器	MFZ/ABC4	4 kg 手提贮压式 ABC 干粉灭火器
	MF/8	8 kg 手提贮气瓶式 BC 干粉灭火器
	MSZ/AR6	6 L 手提贮压式抗溶性水剂灭火器
	MPZ/6	6 L 手提贮压式泡沫灭火器
	MT/3	3 kg 手提式二氧化碳灭火器
	MJZ/4	4 kg 手提贮压式洁净气体灭火器
推车式灭火器	MFTZ/ABC40	40 kg 推车贮压式 ABC 干粉灭火器
	MFTZ/40	40 kg 推车贮压式 BC 干粉灭火器
	MFT/ABC40	40 kg 推车贮气瓶式 ABC 干粉灭火器
	MTT/24	24 kg 推车式二氧化碳灭火器
	MPTZ/45	45 L 推车贮压式泡沫灭火器
	MSTZ/AR45	45 L 推车贮压式抗溶性水剂灭火器

3. 操作灭火器灭火

按照前述灭火操作方法具体操作，使用选出的灭火器进行灭火操作，扑灭火灾。基本步骤如图 4–2–8。

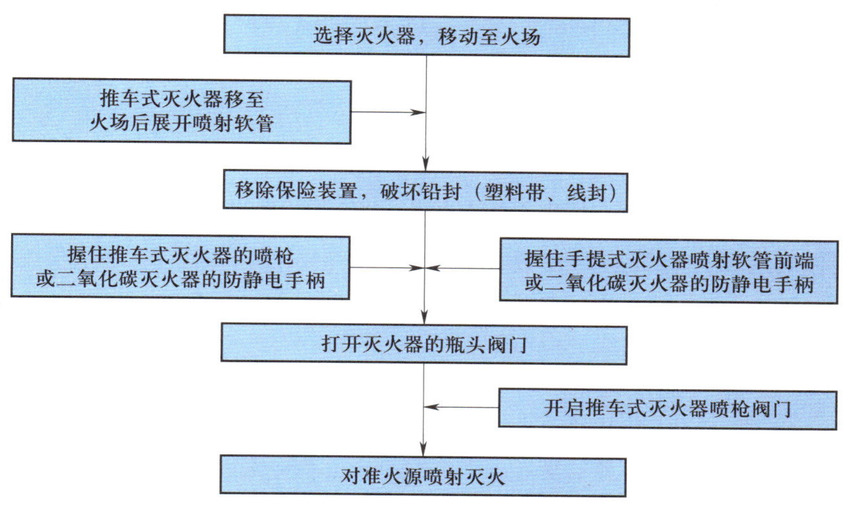

图 4–2–8　灭火器灭火操作步骤

技能 2：如何使用消防自救呼吸器

1．过滤式消防自救呼吸器

（1）检查外观完好

目测确认呼吸器外观完整、包装无破损，同时未超过使用有效期。

（2）取出呼吸器

打开过滤式消防自救呼吸器外包装盒，撕开呼吸器包装，取出呼吸器，如图 4–2–9 所示。

（3）去除密封塞

沿着提醒绳拔掉前后两个密封塞，如图 4–2–10 所示。

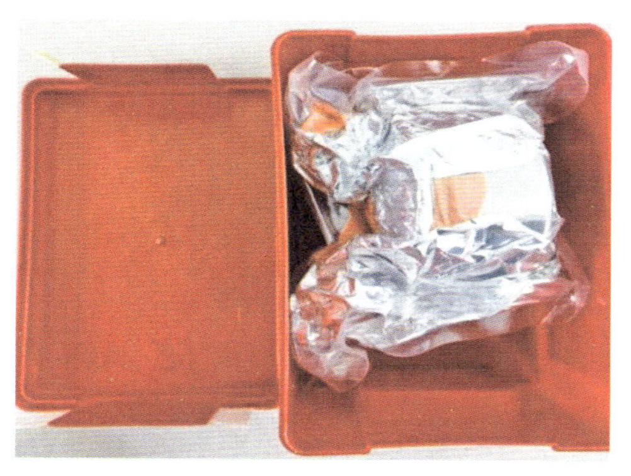

图 4–2–9　取出呼吸器

图 4–2–10　去除密封塞

（4）规范佩戴呼吸器

将过滤式消防自救呼吸器套于头上，拉至颈部，过滤罐应置于鼻前。半面罩应罩住口鼻并与脸部紧密贴合，如图 4–2–11 所示。使用过滤式消防自救呼吸器时，佩戴眼镜者无须摘下眼镜。

（5）保持气密逃生

拉紧系带，保证头罩气密性（如有长发，应全部卷进头罩内），然后迅速寻找安全通道撤离火场，如图 4–2–12 所示。

图 4–2–11　佩戴呼吸器

图 4–2–12　拉紧系带

2. 化学氧消防自救呼吸器

（1）检查外观完好

通过目测确认呼吸器外观完整、包装无破损，同时未超过使用有效期。

（2）取出呼吸器

打开化学氧消防自救呼吸器外包装盒，取出呼吸器，如图 4–2–13 所示。

（3）去除密封塞

打开面具，沿着提醒绳拔掉头罩内上下两个密封塞，如图 4–2–14 所示。

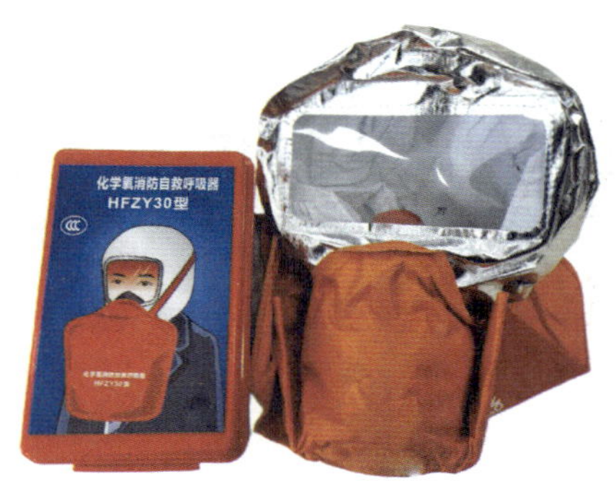

图 4–2–13　取出呼吸器

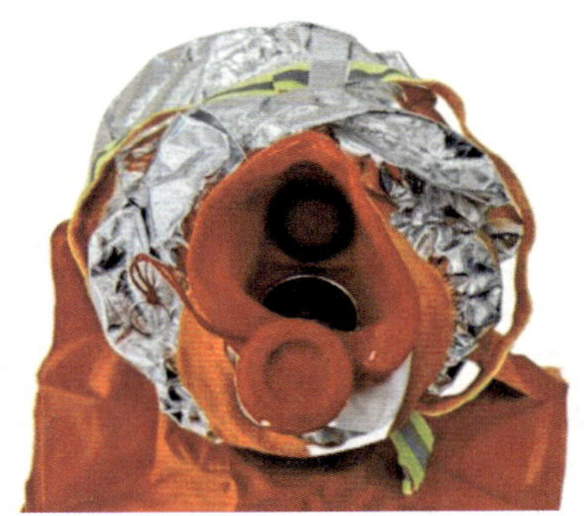

图 4–2–14　去除密封塞

（4）规范佩戴呼吸器

将化学氧消防自救呼吸器套于头上，拉至颈部，手从侧面拉紧系带，保证头罩气密性（如有长发，应全部卷进头罩内），如图 4–2–15 所示。佩戴眼镜者使用化学氧消防自救呼吸器时，无须摘下眼镜。

（5）呼吸逃生

把呼吸气囊吹鼓，同时保持呼吸均匀，然后迅速寻找安全通道撤离火场，如图 4–2–16 所示。

图 4–2–15　佩戴呼吸器

图 4–2–16　吹鼓呼吸气囊

第三节　其他消防设施保养

【知识要点】

要点 1：防火门的维护保养

1. 防火门的主要组件

防火门主要由门框、门扇、闭门器、顺序器以及防火铰链、防火锁等防火五金配件组成，部分型号防火门还设置有电磁释放器、门磁开关、防火玻璃等配件。防火门的主要组成如图 4–3–1 所示。

（1）门框、门扇

防火门门框、门扇面板所用的木材、钢材、人造板、黏结剂等材料，以及门扇内填充的防火隔热材料，其性能指标应符合有关消防技术标准要求。常见木质、钢质防火门的门框、门扇如图 4–3–2 所示。

（2）闭门器

防火门的闭门器分为普通闭门器和电动闭门器两种。普通闭门器（见图 4-3-3a）一般采用液压结构控制，闭门器通过压缩并释放，从而完成自动关门动作，这是最常见的闭门器，一般安装在常闭式防火门上，也可以和电磁释放器配套安装在常开式防火门上。电动闭门器（见图 4-3-3b）通常安装在常开式防火门上，电动闭门器能够在接收到火警指令后将处于常开状态的防火门自动关闭，并将关闭动作信号反馈至防火门监控器。

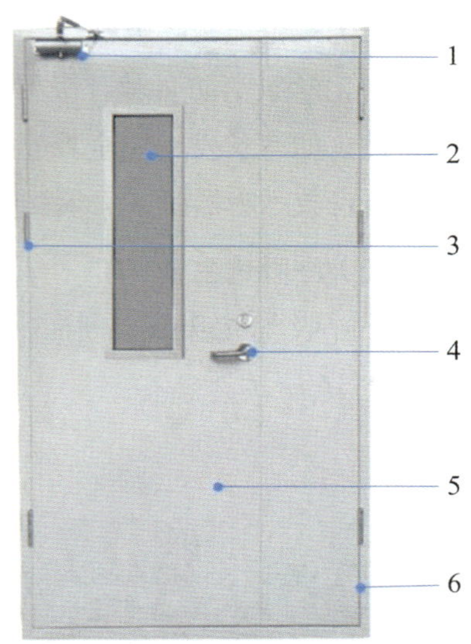

图 4-3-1　防火门的组成示例

1—闭门器　2—防火玻璃　3—防火铰链　4—防火锁　5—门扇　6—门框

（3）顺序器

防火门顺序器安装在双扇或多扇防火门的盖缝板处，主要作用是在防火门关闭时，能确保不同门扇按先后顺序依次关闭，如图 4-3-4 所示。

（4）电磁释放器

电磁释放器（见图 4-3-5）是使常开式防火门保持打开状态，在收到指令后释放防火门使其关闭，并将本身的状态信息反馈至监控器的电动装置。

电磁释放器平时在通电状态下将开启的防火门门扇吸合固定在墙面，使其保持开启状态，确认火警信号后，自动释放吸合开关，使防火门在闭门器和顺序器的作用下恢复至关闭状态，并将防火门关闭信号反馈至防火门监控器。电磁释放器和电

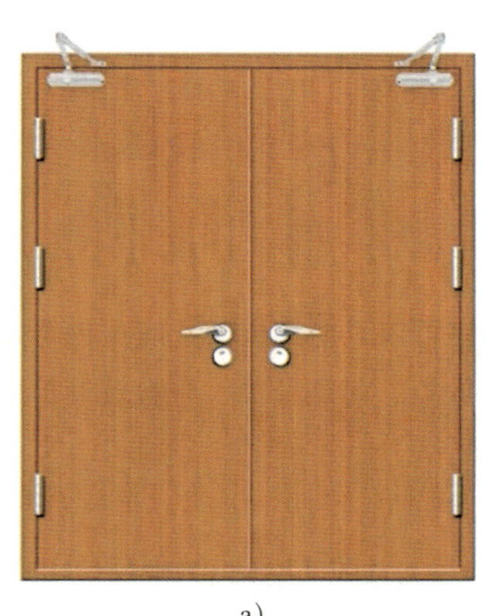

a）

b）

图 4-3-2　防火门的门框、门扇

a）木质防火门　b）钢质防火门

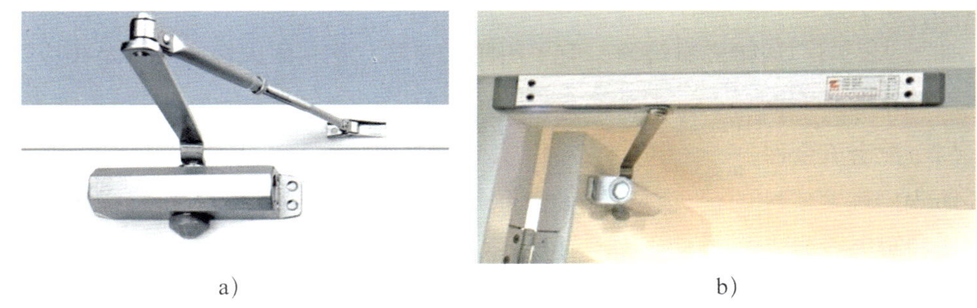

a）　　　　　　　　　　b）

图 4-3-3　防火门闭门器

a）普通闭门器　b）电动闭门器

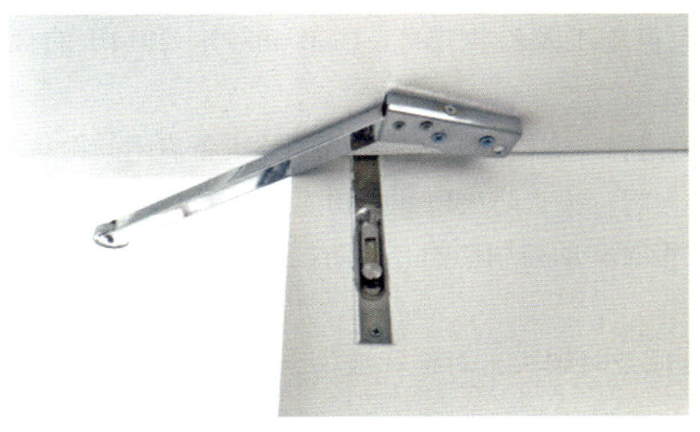

图 4-3-4　防火门顺序器

图 4-3-5　电磁释放器

动闭门器的工作原理有所区别，但功能基本一致，均能实现火灾时常开式防火门自动关闭。

（5）门磁开关

门磁开关安装在防火门门扇、门框贴合处，用于监视防火门的开启、关闭状态，能将防火门开启、关闭的状态信息反馈至防火门监控器，如图 4-3-6 所示。

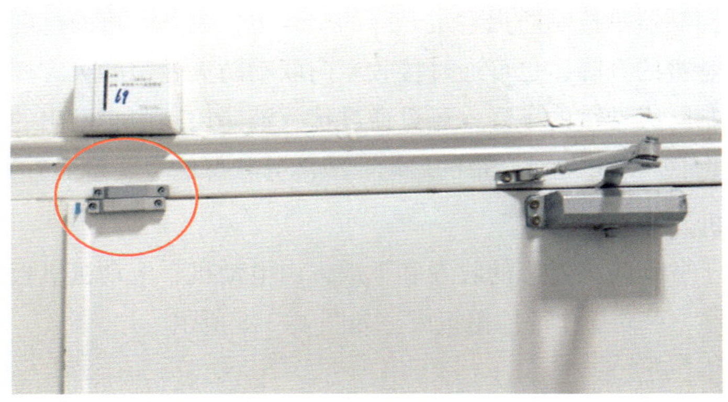

图 4-3-6　门磁开关

（6）防火玻璃

如果防火门门扇镶嵌有玻璃，应采用防火玻璃，且其耐火性能应满足相应等级防火门的标准。

（7）配套五金件

防火门配套安装的锁具、铰链（合页）、插销等五金配件，应符合消防技术标准规定的耐火性能要求。

2. 防火门的保养要求

使用单位应配备专门人员（消防设施操作员）负责防火门的日常检查和维护管理工作，维护保养人员应掌握防火门及配件的维护保养常识，做好维护保养工作记录。根据《防火卷帘、防火门、防火窗施工及验收规范》（GB 50877—2014）的规定，防火门的日常维护保养要求如下。

（1）每日应对常开式防火门门口处进行一次检查，并应清除妨碍设备启闭的物品。

（2）每季度应手动启动常闭式防火门，检查防火门开关功能，且无卡阻现象。

（3）每年应对常开式防火门火灾报警联动控制功能、消防控制室手动控制功能、现场手动控制功能进行一次检查。

（4）对检查和试验中发现的问题应及时解决，对损坏或不合格的设备、零配件应立即更换，并应恢复正常状态。

要点 2：防火卷帘的维护保养

1. 防火卷帘的组成

根据《防火卷帘》（GB 14102—2005）有关规定，防火卷帘主要由防火卷帘控制器、卷门机、卷轴、帘面、导轨、箱体、手动按钮盒、温控释放装置、手动链条等组成，如图 4–3–7 所示。

（1）防火卷帘控制器

防火卷帘控制器是控制防火卷帘升降的重要电控设备，可通过配接的手动按钮手动控制防火卷帘的升降，也可通过接收专门联动防火卷帘的火灾探测器发出的火灾报警信号控制防火卷帘的下降，还可通过接收消防控制中心发出的联动触发信号控制防火卷帘的下降，并能将卷帘的启动、故障等状态信号反馈至消防控制中心。

（2）卷门机

卷门机用于驱动防火卷帘的收卷和下放，由电动机、电动机机板、减速箱、制动机构、限位器、手动操作部件等组成，如图 4–3–8 所示。

（3）卷轴

卷轴支撑在电动机机板的轴承上（见图 4–3–9），卷门机通过传动链轮带动卷轴转动，帘面通过挂钩固定在卷轴上，卷轴转动带动帘面卷绕，实现帘面的收卷和下放。对于折叠提升式防火卷帘，通过卷轴带动钢丝绳，由钢丝绳提升或者下放帘面。

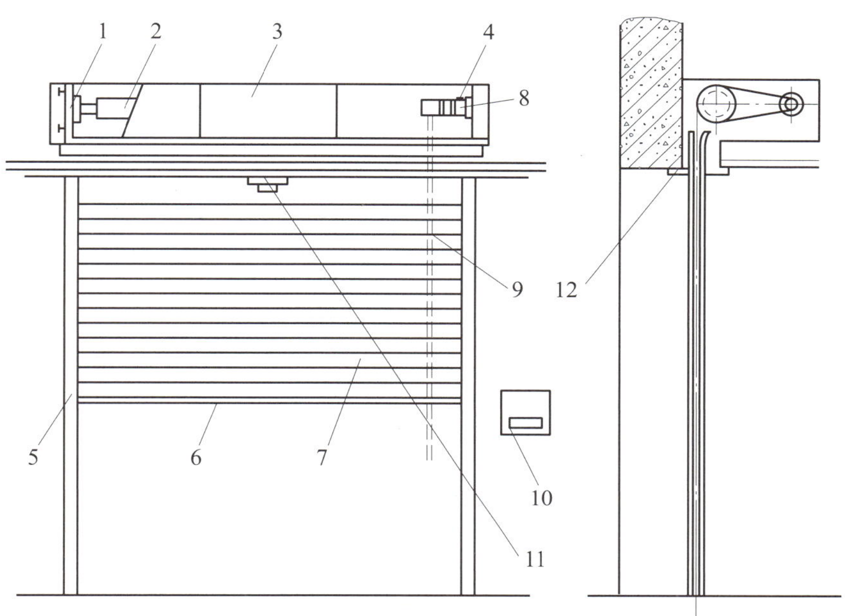

图 4-3-7　防火卷帘结构示例

1—支座　2—卷轴　3—箱体　4—限位器　5—导轨　6—座板　7—帘面
8—卷门机　9—手动链条　10—手动按钮盒　11—感温、感烟探测器　12—门楣

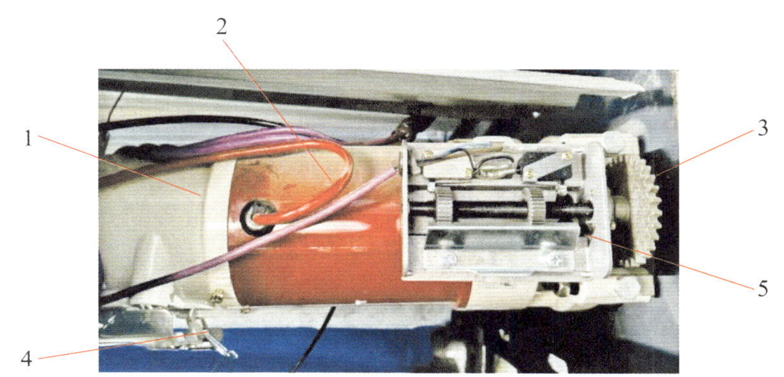

图 4-3-8　卷门机

1—制动机构　2—电动机　3—减速箱　4—手动操作部件　5—限位器

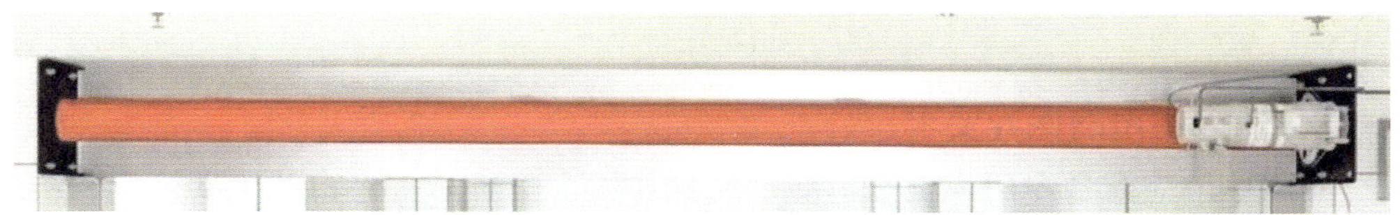

图 4-3-9　卷轴

（4）帘面、座板

帘面的功能是在防火卷帘下放后封堵洞口，阻止火势蔓延、控制烟气扩散。座板安装在帘面底部（见图 4–3–10），在电动机刹车盘释放后，座板可以依靠自重带动帘面下放。

图 4–3–10　座板

（5）导轨

导轨安装在洞口两侧（见图 4–3–11），用于限制帘面的移动方向。侧移式防火卷帘一般只有顶部导轨。

（6）箱体

箱体（也称防护罩）一般由钢质帘片制成，把卷轴、帘面等包裹在内。

（7）手动按钮盒

手动按钮盒包括上升、停止和下降按键，可手动控制防火卷帘的运行。防火卷帘在自动下降过程中，手动按钮操作应具备优先插入急停功能。手动按钮盒如图 4–3–12 所示。

（8）温控释放装置

温控释放装置的感温元件动作温度为（73 ± 0.5）℃，温控释放装置动作后，防火卷帘应自动下降至楼板面。温控释放装置如图 4–3–13 所示。

（9）手动链条

手动链条是用于机械操作防火卷帘上升、下降的装置，其安装位置应便于手动操作。

2. 防火卷帘的保养要求

使用单位应配备专门人员（消防设施操作员）负责防火卷帘的定期检查和维护管理工作，对投入使用的防火卷帘及其配件定期进行维护保养，确保防火卷帘完好有效，并做好维护保养工作记录。根据《防火卷帘、防火门、防火窗施工及验收规范》(GB 50877—2014)的规定，防火卷帘的日常维护保养要求如下。

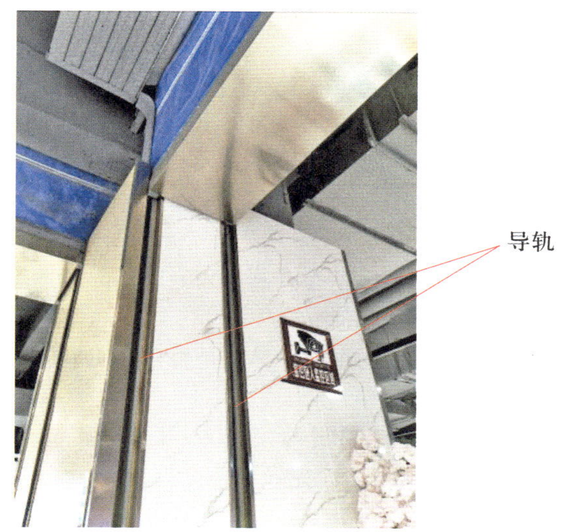

图 4-3-11　导轨

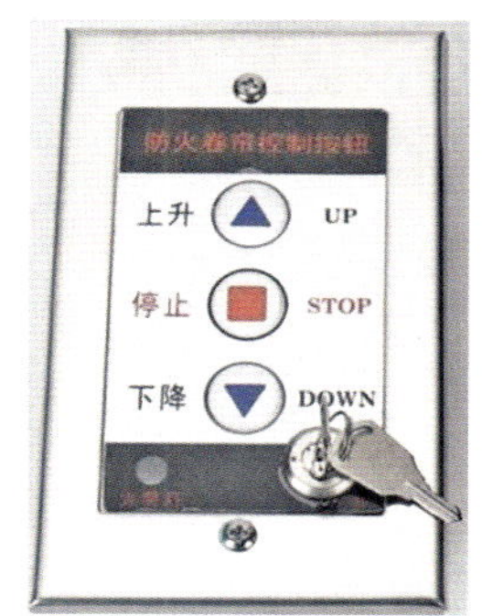

图 4-3-12　手动按钮盒

图 4-3-13　温控释放装置

(1)每日应对防火卷帘下部进行一次检查，并应清除妨碍设备启闭的物品。

(2)每季度应对防火卷帘的下列功能进行一次检查。

1)手动启动防火卷帘内外两侧控制器或手动按钮盒上的控制按钮，检查防火卷帘上升、下降、停止功能是否正常。

2)手动操作防火卷帘手动速放装置，检查防火卷帘依靠自重恒速下降功能是否正常。

3)手动操作防火卷帘的手动拉链，检查防火卷帘升、降功能是否正常，且无滑行撞击现象。

4）每年应对防火卷帘控制器的火灾报警功能、自动控制功能、手动控制功能、故障报警功能、备用电源转换功能进行一次检查。

5）对检查和试验中发现的问题应及时解决，对损坏或不合格的设备、零配件应立即更换，并应恢复正常状态。

防火卷帘的保养内容和技术要求见表 4–3–1。

表 4–3–1　防火卷帘的保养内容和技术要求

序号	保养内容	技术要求
1	帘面、导轨	（1）检查帘面警示区是否有遮挡物，导轨内部是否有异物，及时清除遮挡物、异物 （2）检查防火卷帘的帘面、导轨是否存在明显的机械损伤 （3）检查帘面是否存在缝隙、裂纹、毛刺、撕裂、缺角、断线等缺陷，组件是否齐全完好 保养周期：每天一次
2	卷门机、卷轴	（1）查看卷门机金属零部件的表面是否有裂纹、压坑、凹凸 （2）检查卷帘运行是否平稳顺畅、有无卡阻现象，运行是否有异常噪声、振动 （3）手动操作防火卷帘手动速放装置、手动拉链，检查卷帘依靠自重恒速下降功能是否正常 保养周期：每季度一次
3	防火卷帘控制器、手动控制装置（手动按钮盒）	（1）检查卷帘控制器、手动控制装置是否安装牢固，对松动部位进行紧固 （2）检查卷帘控制器、手动控制装置外观是否存在明显的机械损伤，清除设备周边的可燃物、杂物 （3）操作卷帘控制器声光自检按键（钮），检查设备的音响和显示器件是否完好 （4）手动操作手动控制装置的上升、停止和下降按钮、按键，检查卷帘动作情况 保养周期：每季度一次
4	系统控制功能	检查防火卷帘的火灾报警功能、自动控制功能、手动控制功能、故障报警功能、备用电源转换功能是否正常 保养周期：每年一次

要点 3：消防应急灯具的分类、应急工作持续时间及最低照度要求

1. 消防应急灯具的分类

消防应急灯具是消防应急照明和疏散指示系统的重要组成部分，主要包括消防应急照明灯具和消防应急标志灯具（也称消防应急疏散标志灯具）。消防应急灯具的主要功能是在火灾等紧急情况下，为人员的安全疏散和灭火救援行动提供必要的照度条件、正确的疏散指示信息。

（1）消防应急照明灯具

消防应急照明灯具指为人员疏散和发生火灾时仍需工作的场所提供照明的灯具。

（2）消防应急疏散标志灯具

消防应急疏散标志灯具指用图形、文字指示疏散方向，指示疏散出口、安全出口、楼层、避难层（间）、残疾人通道的灯具。

2. 消防应急灯具的应急点亮持续工作时间要求

消防应急照明灯具和消防应急疏散标志灯具在不同场所的应急点亮持续工作时间应满足表 4-3-2 中的要求。

表 4-3-2　消防应急灯具应急点亮持续工作时间

场所类别	应急启动后持续工作时间	应急启动后持续工作时间（包含非火灾状态下主电源断电使用时间）
建筑高度大于 100 m 的民用建筑	1.5 h	持续时间应分别增加设计文件规定的灯具持续应急点亮时间，且不应超过 0.5 h
建筑高度不大于 100 m 的医疗建筑、老年人照料设施、总建筑面积大于 100 000 m^2 的其他公共建筑	1.0 h	
水利工程、水电工程、总建筑面积大于 20 000 m^2 的地下或半地下建筑	1.0 h	
城市轨道交通工程中区间和地下车站	1.0 h	
城市轨道交通工程中地上车站、车辆基地	0.5 h	
城市交通隧道：一、二类隧道	1.5 h	
城市交通隧道：一、二类隧道端口外接的站房	2.0 h	

续表

<table>
<tr><th>场所类别</th><th>应急启动后持续工作时间</th><th>应急启动后持续工作时间（包含非火灾状态下主电源断电使用时间）</th></tr>
<tr><td>城市交通隧道：三、四类隧道</td><td>1.0 h</td><td rowspan="3">持续时间应分别增加设计文件规定的灯具持续应急点亮时间，且不应超过0.5 h</td></tr>
<tr><td>城市交通隧道：三、四类隧道端口外接的站房</td><td>1.5 h</td></tr>
<tr><td>城市综合管廊工程，平时使用的人民防空工程，除上述规定外的其他建筑</td><td>0.5 h</td></tr>
</table>

3. 消防应急照明灯具的最低照度要求

消防应急照明灯的部位或场所及其地面水平最低照度见表 4–3–3。

表 4–3–3　消防应急照明灯的部位或场所及其地面水平最低照度

设置部位或场所	地面水平最低照度
Ⅰ–1. 疏散楼梯间、疏散楼梯间的前室或合用前室、避难走道及其前室、避难层、避难间、消防专用通道； Ⅰ–2. 老年人照料设施； Ⅰ–3. 人员密集场所、老年人照料设施、病房楼或手术部内的楼梯间； Ⅰ–4. 逃生辅助装置存放处等特殊区域； Ⅰ–5. 屋顶直升机停机坪	不应低于 10.0 lx
Ⅱ. 寄宿制幼儿园和小学的寝室、医院手术室及重症监护室等病人行动不便的病房等需要救援人员协助疏散的区域	不应低于 5.0 lx
Ⅲ–1. 疏散走道、人员密集的场所； Ⅲ–2. 观众厅，展览厅，电影院，多功能厅，建筑面积大于 200 m^2 的营业厅、餐厅、演播厅，建筑面积超过 400 m^2 的办公大厅、会议室等人员密集场所； Ⅲ–3. 人员密集厂房内的生产场所； Ⅲ–4. 室内步行街两侧的商铺； Ⅲ–5. 建筑面积大于 100 m^2 的地下或半地下公共活动场所	不应低于 3.0 lx
Ⅳ. 上述规定场所外的其他场所	不应低于 1.0 lx

要点 4：灭火器外观、挂钩、托架和灭火器箱的保养内容和方法

1. 灭火器外观

灭火器外观的保养技术要求和方法见表 4–3–4。

表 4–3–4 灭火器外观的保养技术要求和方法

保养内容	技术要求	保养方法
灭火器	（1）根据设计文件规定配置灭火器，摆放应稳固，铭牌应朝外 （2）外观部件完好无缺陷 （3）灭火器表面清洁无锈蚀 （4）电镀件表面无气泡、明显划痕、碰伤等缺陷，贴花应端正、平服、不缺边少字，无明显皱褶、气泡等缺陷 （5）喷嘴、喷射软管组件、推车式喷枪等零部件的连接应稳固 （6）灭火器不宜设置在潮湿或强腐蚀性的地点，若必须设置时，应有与设置场所环境条件相适应的防护措施 （7）灭火器不应设置在可能超出其使用温度范围的场所	（1）根据设计文件规定检查配置位置 （2）采用目测或主观感受等方法，检查外观部件是否完好，如有缺陷，及时修复或按等效替代原则更换灭火器 （3）用软布或压缩空气喷枪去除表面灰尘，若有污垢可用潮湿软布清洗，但不能使用有腐蚀性的化学溶剂 （4）采用目测或主观感受等方法，检查灭火器外表涂层是否无龟裂、明显挂痕、气泡、划痕、碰伤等缺陷 （5）检查喷嘴、喷射软管组件、推车式喷枪等零部件的连接螺纹是否松动，若松动应使用专用工具旋紧 （6）检查室外灭火器是否采取与设置场所环境条件相适应的防护措施，若保护构件有损坏，应及时维修或更换
保养周期	根据《建筑灭火器配置验收及检查规范》（GB 50444—2008）规定，每月应对灭火器进行检查保养。其中在下列场所配置的灭火器应每半个月进行一次检查保养：（1）候车（机、船）室、歌舞娱乐放映游艺等人员密集的公共场所；（2）堆场、罐区、石油化工装置区、加油站、锅炉房、地下室等场所	

2. 灭火器箱

灭火器箱是专门用于长期固定存放手提式灭火器的箱体。按放置型式可分为置地型和嵌墙型，按开启方式可分为开门式和翻盖式，从外观可观察性可分为透明型、

半透明型和不透明型。

置地型灭火器箱示例如图 4–3–14 所示，其中，图 4–3–14a 为透明型开门式置地型自救呼吸器组合类灭火器箱，图 4–3–14b 为不透明型翻盖式置地型单体类灭火器箱，图 4–3–14c 为半透明型翻盖式置地型单体类灭火器箱，图 4–3–14d 为透明型翻盖式置地型单体类灭火器箱。

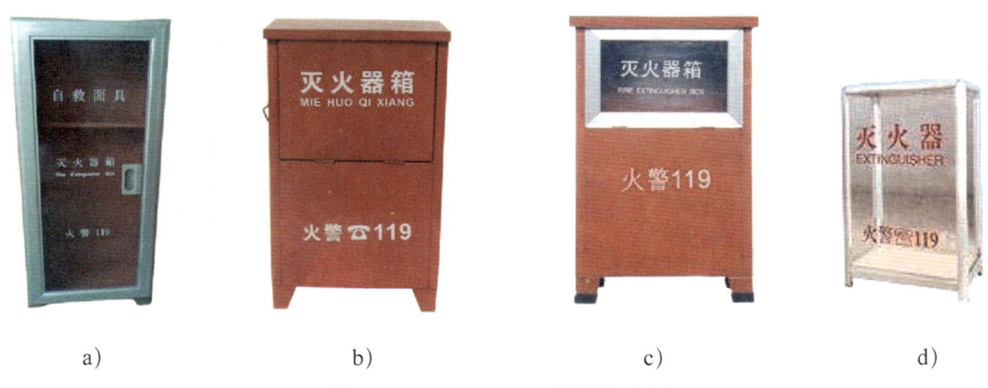

a）　b）　c）　d）

图 4–3–14　置地型灭火器箱示例

a）透明型开门式置地型自救呼吸器组合类灭火器箱示例　b）不透明型翻盖式置地型单体类灭火器箱示例
c）半透明型翻盖式置地型单体类灭火器箱示例　d）透明型翻盖式置地型单体类灭火器箱示例

嵌墙型灭火器箱示例如图 4–3–15 所示，其结构类型有单体类和组合类。嵌墙型灭火器箱的开启方式仅为开门式。其中，图 4–3–15a 为不透明型开门式嵌墙型消火栓组合类灭火器箱，图 4–3–15b 为透明型开门式嵌墙型单体类灭火器箱，图 4–3–15c 为不透明型开门式嵌墙型单体类灭火器箱。

a）　b）　c）

图 4–3–15　嵌墙型灭火器箱示例

a）不透明型开门式嵌墙型消火栓组合类灭火器箱示例　b）透明型开门式嵌墙型单体类灭火器箱示例　c）不透明型开门式嵌墙型单体类灭火器箱示例

灭火器箱的保养技术要求和方法见表 4–3–5。

表 4–3–5　灭火器箱的保养技术要求和方法

保养内容	技术要求	保养方法
灭火器箱	（1）灭火器箱箱体应端正，不应有歪斜、翘曲等变形现象，箱体各表面应无凹凸不平等加工缺陷 （2）置地型灭火器箱应能平稳安放，在水平地面上不应有倾斜摇晃 （3）灭火器箱箱体焊接或铆接应牢固，不应有烧穿、焊瘤、毛刺和铆印等缺陷，冲压件表面不应有折皱等缺陷 （4）灭火器箱表面应具有抗腐蚀能力。用不耐腐蚀的金属材料制造的灭火器箱表面应进行涂装处理，其涂层应光滑平整、色泽均匀，无流痕、龟裂、气泡、划痕、碰伤和剥落等缺陷 （5）箱内应保持干燥、清洁 （6）箱门开启应方便、灵活，箱门开启后不得阻挡人员安全疏散。除不影响灭火器取用和人员疏散的场合外，开门型灭火器箱的箱门开启角度不应小于 175°，翻盖型灭火器箱的翻盖开启角度不应小于 100° （7）翻开箱盖时，前部上挡板应能自动翻下 （8）灭火器放置位置应明显和便于取用，且不应影响人员安全疏散	（1）用吸尘器或软布清洁箱体内外 （2）根据箱门或翻盖的开启方式和开启闭合次数要求，检查箱门灵活性，对箱门和翻盖的开启角度进行检查 （3）对于损坏不可修复的灭火器箱，按原种类型号要求进行更换补充

3. 固定挂钩、固定挂架

灭火器的悬挂安装有固定挂钩和固定挂架等形式，如图 4–3–16 所示。其中，图 4–3–16a 为固定灭火器的挂钩，图 4–3–16b 和图 4–3–16c 为固定灭火器的挂架，图 4–3–16d 为固定挂钩安装灭火器示例。

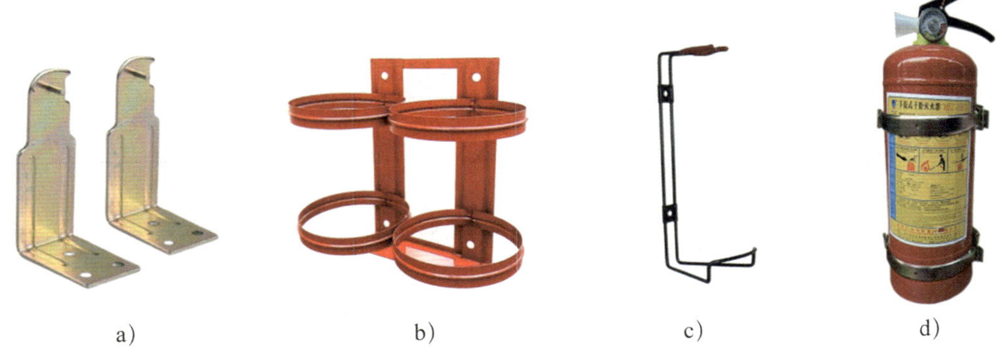

图 4–3–16 挂钩、挂架示例

a）固定挂钩示例 b）固定挂架示例一 c）固定挂架示例二 d）固定挂钩安装灭火器示例

固定挂钩、固定挂架的保养技术要求和方法见表 4–3–6。

表 4–3–6 固定挂钩、固定挂架的保养技术要求和方法

保养内容	技术要求	保养方法
固定挂钩、固定挂架	（1）固定挂钩或固定挂架不应出现松动、脱落、断裂和明显变形 （2）夹持装置应保证可用徒手的方式便捷地取用设置在挂钩、托架上的手提式灭火器 （3）当两具及两具以上的手提式灭火器相邻设置在挂钩、托架上时，应可任意地取用其中一具 （4）设有夹持带的挂钩、托架，夹持带的打开方式应从正面可以看到，当夹持带打开时，灭火器不应掉落 （5）挂钩、挂架的安装高度应满足手提式灭火器顶部离地面距离不大于 1.50 m，底部离地面距离不小于 0.08 m 的规定	（1）用软布或压缩空气喷枪除去挂钩或挂架表面上的灰尘，若有污垢可用潮湿软布清洗，但不能使用有腐蚀性的化学溶剂清洗 （2）检查挂钩或挂架的固定是否出现松动、脱落、断裂和明显变形 （3）检查挂钩、托架的安装高度应满足手提式灭火器顶部与底部离地面距离的要求 （4）检查夹持装置是否能便捷地取用设置在挂钩、挂架上的手提式灭火器 （5）检查固定架的悬挂圈或夹持带的位置是否适当，灭火器置于安装架内时，操作说明应面朝外 （6）对于损坏不可修复的挂钩、挂架，按原类型型号要求进行更换补充

4. 落地托架

使用落地托架置地安装灭火器的形式如图 4–3–17 所示。保养落地托架主要检查外观完好和清洁程度。

图 4-3-17 落地托架示例

【专业技能】

技能 1：如何保养防火门配件

使用单位应根据防火门的产品使用说明书，结合单位实际制订闭门器、电磁释放器、顺序器、五金件、密封件等零部件的保养计划，并做好每樘防火门的保养工作记录。

1. 闭门器的保养

闭门器在投入使用后应根据产品说明书的保养周期定期进行检查保养，确保闭门器的开启角度、力度、使用性能符合要求。

（1）定期紧固螺栓

新安装的闭门器使用一周后，需再次对安装螺栓（底座处螺栓）和连接螺栓（转轴处螺栓）进行紧固。对于开关门较频繁的场所，应每月对闭门器的安装螺栓和连接螺栓进行检查和紧固。闭门器的结构如图 4-3-18 所示。

（2）调试闭门器关门速度

闭门器使用一段时间后其关门速度会有轻微变化，尤其当环境温差较大时，需及时进行微调。闭门器常温下的最大关闭时间不应小于 20 s，常温下的最小关闭时间不应大于 3 s，可通过旋转调速阀来调整关门速度。

（3）加注机油

先拧出油孔螺钉，再加注机油，注满机油后将螺钉再拧紧，盖好防尘盖。如果有漏油现象，需将闭门器及时拆下寄回厂家处理，及时补装同型号闭门器。

（4）功能测试

对于常闭式防火门，从任意一侧手动打开门扇，检查门扇开启是否灵活，有无卡阻现象；将门扇开启到最大角度，释放门扇，观察门扇能否在闭门器作用下自动关

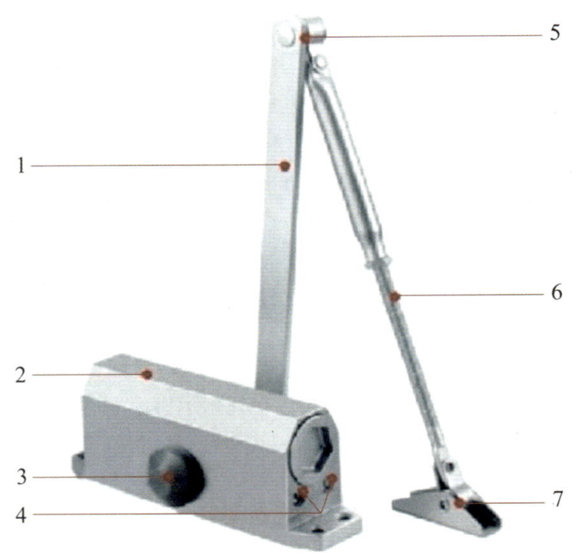

图 4–3–18　闭门器结构示意图

1—连杆　2—主体　3—防尘盖　4—调速阀　5—转轴　6—可伸缩摇臂　7—底座

闭。对于常开式防火门，按下电磁释放器或电动闭门器的手动按钮，释放门扇，观察门扇能否在闭门器作用下自动关闭。测试完毕后，将防火门恢复至正常工作状态。

2. 电磁释放器的保养

根据产品说明书的保养周期，定期检查电磁释放器的线路有无破损，螺钉是否完好、紧固，观察电磁释放器对门扇的吸合、释放动作是否灵活可靠。

（1）新产品投入使用一周后，应重新紧固螺钉，后续每个月紧固一次。

（2）新产品投入使用一天后，需使用红外测温仪检查电磁释放器的温升状况，如图 4–3–19 所示。当出现异常温升时（具体要求参考产品说明书），应及时检修、更换，后续每月检查一次温升状况。

（3）对电磁释放器进行清洁，要用潮湿软布轻轻擦拭。

（4）根据产品说明书保养周期和操作要求，定期添加润滑脂，添加完毕后拧紧螺钉。

（5）按下电磁释放器的手动按钮（开关），如图 4–3–20 所示，观察防火门能否自动关闭严密，查看防火门的关闭信号能否反馈至防火门监控器。

（6）测试其声、光报警功能是否正常。

3. 顺序器的保养

顺序器与闭门器、电磁释放器相比，结构相对简单，保养重点检查其螺钉是否完好、紧固，长杆有无变形，滑轮有无破损、卡阻现象，顺序器动作是否灵活可靠，能否保证双扇、多扇防火门按顺序依次关闭严密。

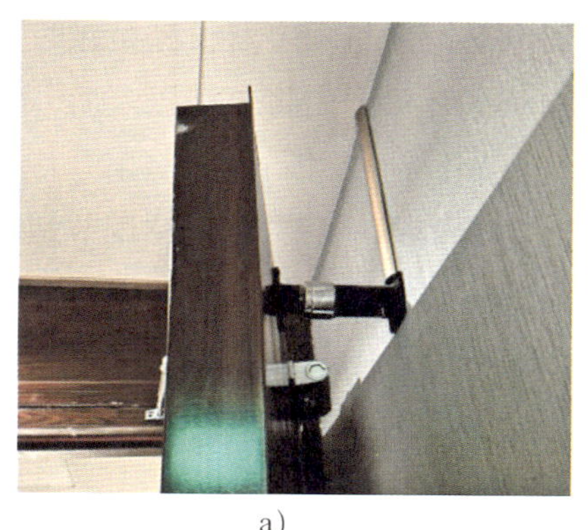
a）

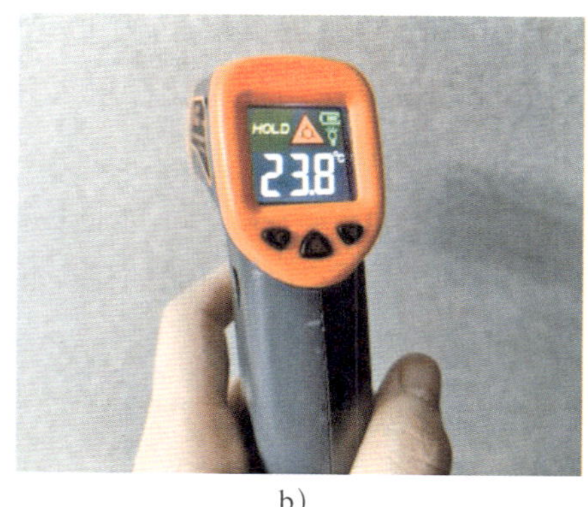

b）

图 4-3-19　电磁释放器的温升检查
a）电磁释放器　b）红外测温仪测温

图 4-3-20　电磁释放器手动开关

（1）新产品投入使用一周后，需检查所有固定螺钉并再次紧固，后续每月紧固一次。

（2）检查顺序器的长杆、滚轮是否活动正常、灵活可靠，滚轮位置如图 4-3-21 所示。

（3）根据产品说明书的保养周期，定期为零部件加注机油，保持连接部位润滑。

（4）对顺序器进行清洁，擦拭过程中要用潮湿软布轻轻擦拭。

（5）功能测试

1）将防火门的各门扇开启到最大角度，同时释放各个门扇，观察门扇是否能按“先副门、后主门”的顺序依次关闭并保持严密。如主门不能完全关闭，应检查长杆有无明显变形、滑轮有无卡阻，如有故障及时维修、更换顺序器。

图 4-3-21　顺序器结构图
1—调节螺钉　2—长杆　3—滚轮

2）将各个门扇开启到最大角度，先释放主门，查看主门能否在顺序器支撑下保持在一定角度静止；再释放副门，当副门上部边沿与顺序器长杆接触时，查看副门能否在闭门器的作用下将长杆压入并趋向于平行；副门将长杆压入后，查看主门是否开始自行关闭。

3）如先释放副门，若副门不能将长杆压入并趋向于平行，可调整调节螺钉减少长杆与底座的夹角，直至副门能动作为止。如调整调节螺钉仍无效，应检查长杆是否有明显变形的情况。

4. 五金件及密封件的保养

定期检查防火锁、插销、合页等五金件是否有机械损伤、变形、锈蚀，螺钉是否完好，各五金件使用是否灵活可靠，并根据产品说明书定期进行清洁、加油、紧固螺钉。查看防火门的防火密封件是否平整、牢固，有无拱起、粉化、开裂、损坏，若有上述情况及时维修或更换。

5. 常闭式防火门与常开式防火门的功能测试

每个季度对所有常闭式防火门进行一次手动功能测试，每年对所有常开式防火门的火灾报警联动控制功能、消防控制室手动控制功能、现场手动控制功能进行一次检查。

（1）手动功能测试方法

从常闭式防火门的任意一侧手动开启后，应自动关闭。当装有信号反馈装置时，开、关状态信号应反馈到消防控制室。

（2）火灾报警联动控制功能测试方法

用专用测试工具，使常开式防火门一侧的火灾探测器发出模拟火灾报警信号，观察防火门动作情况及消防控制室信号显示情况。

（3）消防控制室手动控制功能测试方法

在消防控制室启动常开式防火门关闭功能，观察防火门动作情况及消防控制室信号显示情况。

（4）现场手动控制功能测试方法

现场手动启动常开式防火门关闭装置，观察防火门动作情况及消防控制室信号显示情况。

6. 填写保养记录

每次保养完毕后，按规定做好记录。

技能 2：如何保养防火卷帘配件

使用单位应根据防火卷帘的产品使用说明书，结合单位实际制订帘面、导轨、卷门机、卷轴、防火卷帘控制器、手动按钮盒等零部件的保养计划，并做好每樘防火卷帘的保养工作记录。

1. 帘面、导轨的保养

（1）检查整个帘面是否存在缝隙、裂纹、毛刺、撕裂、缺角、断线等缺陷，组件是否齐全完好，查看紧固件有无松动现象，若发现帘面上有电线缠绕、打结等现象应及时处理。

（2）检查并清理防火卷帘的导轨，保持内部清洁，若导轨间隙有异物，应及时清除，保持导轨运行畅通。

（3）测试防火卷帘的手动升降功能，按下手动按钮的“下降”按钮，观察卷帘是否能平稳顺畅下降，有无卡阻、异响等现象；观察双扇帘面是否同步下降，两个帘面间高差不应大于 50 mm；帘面下降到楼板面后，能否自动停止，查看帘面关闭是否严密，卷帘底座与地面是否平行，是否与地面接触均匀。

（4）按下手动按钮的“上升”按钮，观察卷帘帘面上升是否顺畅，有无卡阻、异响等现象，上升到最高限位时是否能正常停止。

（5）清洁帘面、导轨时操作要轻，避免损坏帘面。

2. 卷门机、卷轴的保养

（1）保养前应先对卷门机断电操作，再用毛刷、电吹风机进行外部清洁，查看卷门机金属零部件的表面是否有裂纹、压坑、凹凸，卷门机各部件有无锈蚀等情况。卷门机金属零部件如图 4-3-22 所示。

图 4-3-22 卷门机金属零部件

（2）为保证卷门机传动顺畅，减少卷门机运行振动及噪声，应定期对限位控制器、电动机加润滑油，对卷轴、传动链条、手动拉链加润滑剂。

（3）查看卷门机的接地装置是否完好，检查电气线路运转是否正常，如有损坏应立即维修或更换。

（4）对卷门机进行功能测试，观察卷帘运行是否平稳顺畅、有无卡阻现象，帘面关闭是否严密。

1）向下拉动靠近帘面的链条，检查防火卷帘是否下降；向下拉动远离帘面的链条，检查防火卷帘是否上升。如拉动手动速放装置启动防火卷帘自重下降，拉动臂力不应大于 70 N。

2）现场启动手动控制按钮，检查防火卷帘升降是否正常。

3）在消防控制室远程控制防火卷帘下降，检查防火卷帘是否正常下降。

（5）功能测试时，如发现帘面不能下降到底，应查看限位齿轮是否损坏、断裂，若出现上述情况应及时维修、更换损坏的零部件，并校对上下限位开关的位置。

3. 控制器、手动按钮的维护保养

（1）保养前首先切断防火卷帘控制器主备电源。

（2）使用潮湿软布清洁控制箱、手动按钮表面的灰尘、杂物。

（3）检查防火卷帘控制箱内部器件和手动按钮盒，紧固接线端口、螺钉等。

（4）使用毛刷、电吹风机等工具清洁控制箱内部的灰尘污物，若发现有电线缠绕、打结等现象应及时处理，控制器内部示意如图 4–3–23 所示。

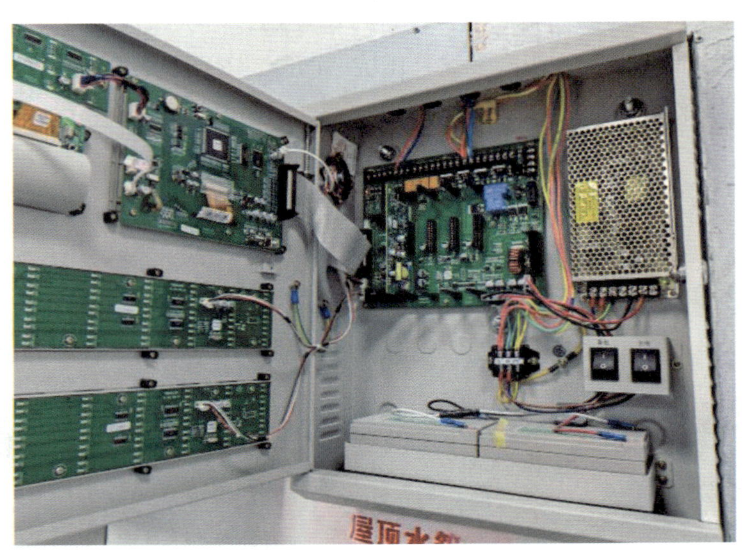

图 4–3–23　控制器内部示意图

（5）清洁结束后，接通控制器电源，通过防火卷帘控制器和手动控制按钮控制防火卷帘，查看防火卷帘运行、动作信号反馈情况。

（6）如发现故障应及时修复，立即更换已损坏或不合格的设备、配件。修复完毕后，将设备恢复至正常状态。

4. 系统控制功能测试

每年检查一次防火卷帘的火灾报警功能、自动控制功能、手动控制功能、故障报警功能、备用电源转换功能是否正常。

（1）火灾报警功能测试方法

使火灾探测器组发出火灾报警信号，观察防火卷帘控制器的声、光报警情况。

（2）自动控制功能测试方法

分别使火灾探测器组发出半降、全降信号，观察防火卷帘控制器声、光报警和防火卷帘动作、运行情况以及消防控制室防火卷帘动作状态信号显示情况。

（3）手动控制功能测试方法

手动操作防火卷帘控制器上的按钮和手动按钮盒上的按钮，查看防火卷帘是否能正常上升、下降、停止。

（4）故障报警功能测试方法

任意断开防火卷帘控制器的电源一相或对调电源的任意两相，手动操作防火卷帘控制器按钮，观察防火卷帘动作情况及防火卷帘控制器报警情况。断开火灾探测器与防火卷帘控制器的连接线，观察防火卷帘控制器报警情况。

（5）备用电源转换功能测试方法

切断防火卷帘控制器的主电源，观察电源工作指示灯变化情况和防火卷帘是否发生误动作。再切断卷门机主电源，使用备用电源供电，使防火卷帘控制器工作1 h，用备用电源启动速放控制装置，观察防火卷帘动作、运行情况。

5. 填写保养记录

每次保养完毕后，按规定做好记录。

技能 3：如何保养消防应急照明和疏散指示系统的应急灯具

以下操作方法针对某特定产品。对于其他厂家和型式的产品，请参照其产品说明书进行。

1. 灯具运行环境检查

（1）检查并清理标志、灯具可视范围内，照明灯照射范围内的固定或移动遮挡物。

（2）检查灯具的安装部位墙体是否存在裂缝、渗漏等现象，如有异常裂缝、渗漏现象，应及时联系专业维保人员予以排除。

灯具运行环境检查示例如图 4-3-24 所示。

2. 灯具外观检查

（1）牢固性检查：用手检查灯具的安装是否牢固，对松动部位予以紧固。

图 4-3-24　灯具运行环境检查示例（灯具被遮挡状态）

（2）破损度检查：检查灯具的灯罩、外壳是否存在破损、变形等明显机械损伤。如灯具有明显损伤，应及时联系专业维保人员予以维修、更换。

（3）灯具工况检查：检查灯具的指示灯是否指示正常，如有指示异常的灯具，应及时联系专业维保人员予以维修、更换。

（4）标示信息检查：对照各防火分区、楼层的疏散指示方案，检查各疏散标识的疏散方向，是否与指示方案和疏散需求一致。如灯具的标识信息与疏散指示方案不一致，应按照指示方案和疏散需求调整灯具标识方向。

锈蚀、破损的灯具外观检查示例如图 4-3-25 所示。

a）

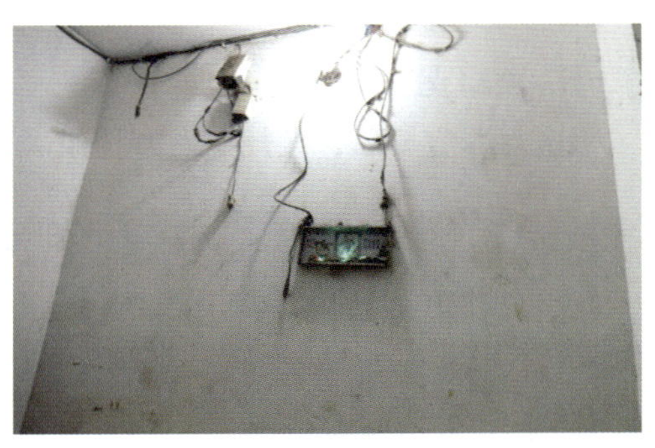

b）

图 4-3-25　灯具外观检查示例
a）锈蚀　b）破损

3. 灯具表面清洁

（1）使用工具吸除灯具表面灰尘。

（2）使用专用软布蘸取清洁剂擦拭灯罩、外壳后再用普通软布清洁。

灯具表面清洁操作示例如图 4-3-26 所示。

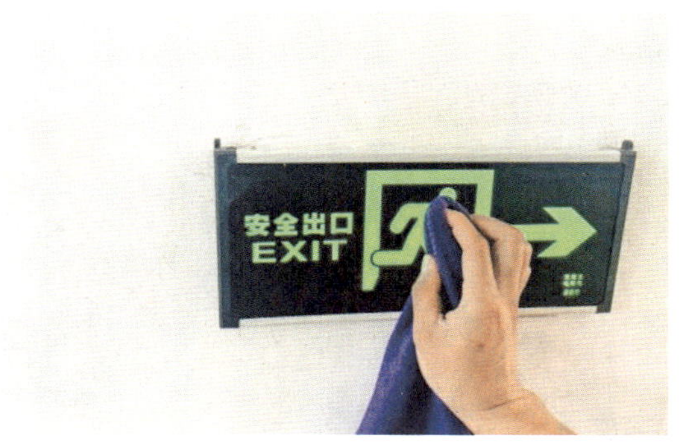

图 4-3-26　灯具表面清洁操作示例

4. 灯具应急启动功能检查

（1）手动旋转应急照明集中电源的应急启动钥匙。

（2）系统正常应急启动后，检查灯具光源的点亮状态。

（3）系统应急启动后发生异常，存在未能正常点亮的情况，应及时联系专业维保人员予以维修、更换。

系统应急启动操作示例如图 4-3-27。

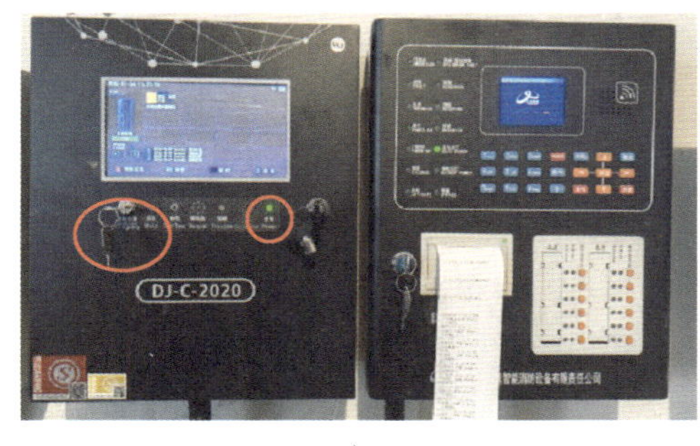

a）

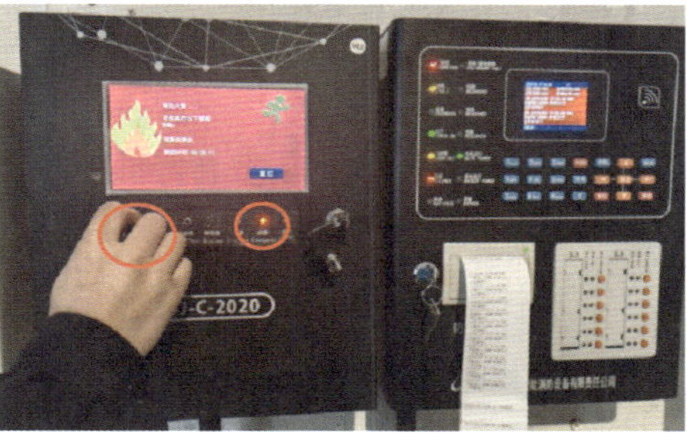

b）

图 4-3-27　系统应急启动操作示例

a）找到系统应急启动部件　b）转动钥匙直接应急启动系统

5. 地面水平照度测试

（1）用照度计测量应急照明灯具的地面水平照度。地面水平照度测试操作示例如图 4-3-28。

（2）观察照度计测量值是否低于规定指标。

（3）如测量值低于规定指标，应及时联系专业维保人员予以维修、更换。

典型场所地面水平照度测试方式示例如图 4-3-29。

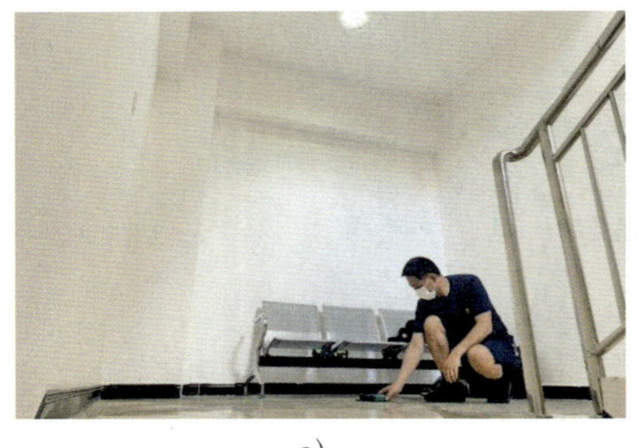

a）　　　　b）

图 4-3-28　地面水平照度测试操作示例

a）照度测试　b）照度读取

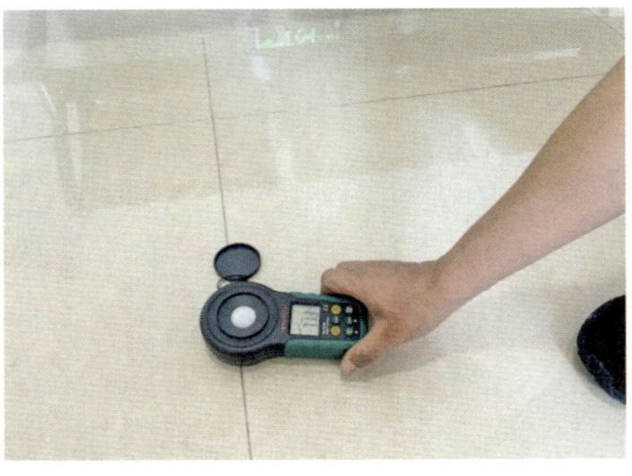

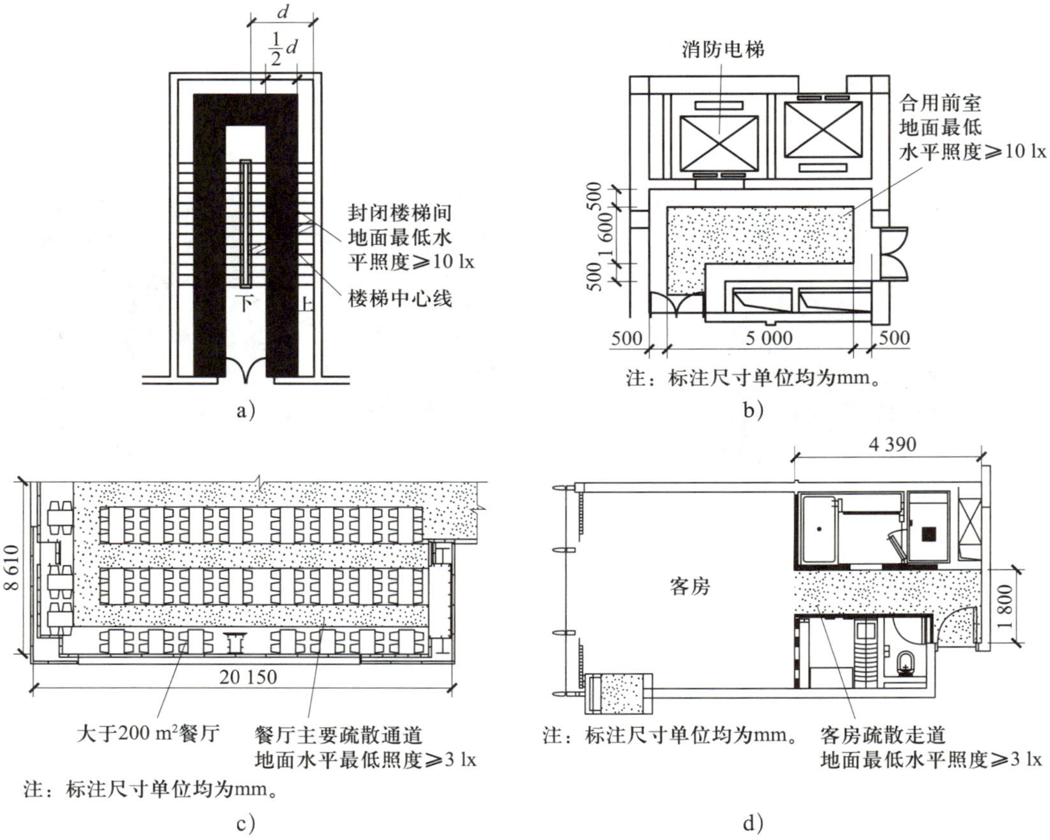

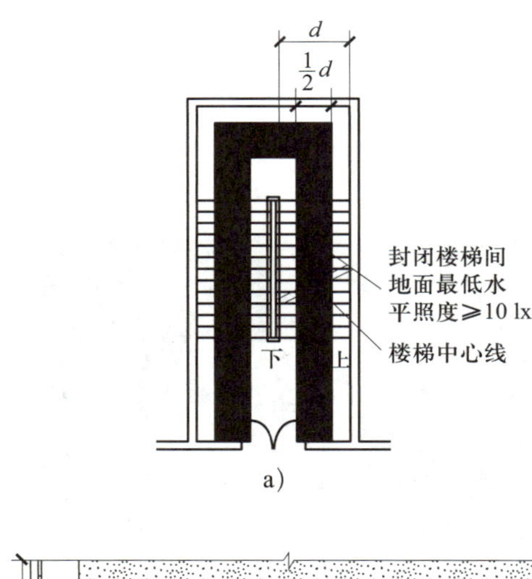

d
$\frac{1}{2}d$
封闭楼梯间
地面最低水
平照度≥10 lx
楼梯中心线
下
上
a）
消防电梯
合用前室
地面最低
水平照度≥10 lx
500
1 600
500
500
5 000
500
注：标注尺寸单位均为mm。
b）
8 610
20 150
大于200 m²餐厅
餐厅主要疏散通道
地面水平最低照度≥3 lx
注：标注尺寸单位均为mm。
c）
4 390
客房
1 800
注：标注尺寸单位均为mm。
客房疏散走道
地面最低水平照度≥3 lx
d）

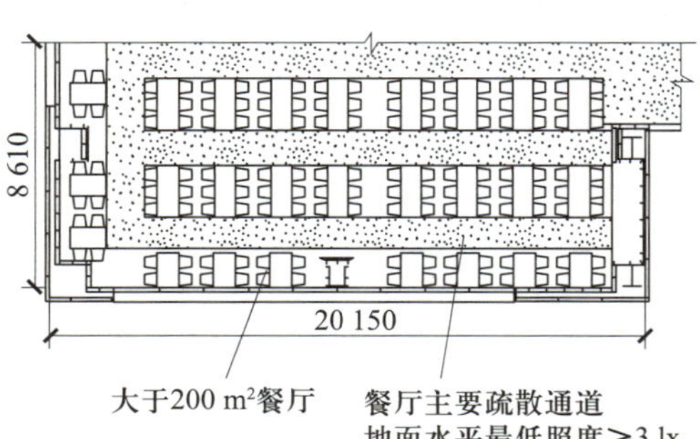

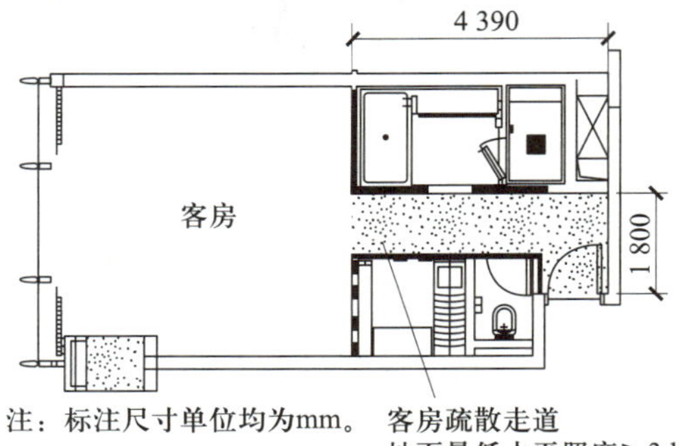

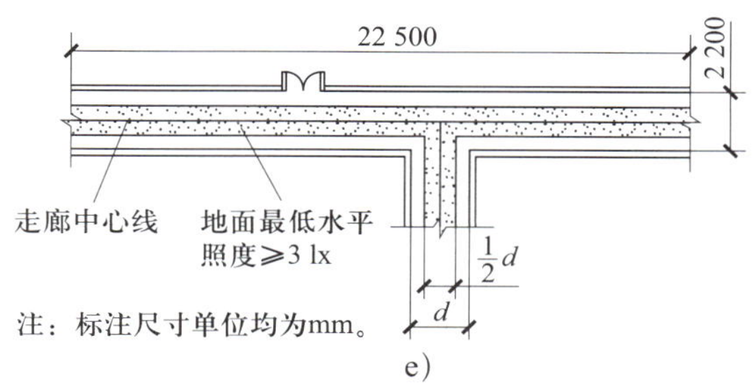

图 4-3-29　典型场所地面水平照度测试方式

a）除人员密集场所、老年人照料设施、病房楼或手术部外的封闭楼梯间地面水平最低照度　b）消防电梯间的合用前室地面水平最低照度　c）建筑面积大于 200 m^2 的餐厅疏散通道地面水平最低照度　d）宾馆、酒店客房地面水平最低照度　e）非人员密集和需要救援人员辅助疏散场所疏散走道地面水平最低照度

6. 持续应急工作时间

（1）应急照明系统手动启动后，使用计时器随机记录一个灯具的持续照明时间，灯具熄灭时停止计时。

（2）应急照明灯具的持续工作时间不得低于该场所规定的最小持续应急工作时间。

（3）如持续照明时间低于规范要求值，应及时联系专业维保人员予以维修、更换。持续应急工作时间测试操作示例如图 4-3-30 所示。

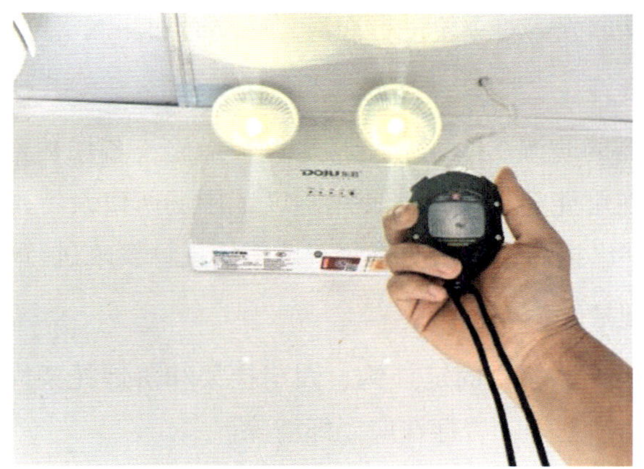

图 4-3-30　持续应急工作时间测试操作示例

7. 填写保养记录

每次保养完毕后，按规定做好记录。

技能 4：如何保养灭火器、挂钩、托架和灭火器箱

1. 灭火器的检查保养

（1）检查配置位置

根据设计文件规定的安装位置拿取灭火器，若发现灭火器缺失应及时找回或

补充。

（2）检查外观部件

采用目测或主观感受等方法，检查灭火器外观部件是否完好，如有缺失，应立即登记，及时修复或更换灭火器。

（3）清洁灭火器表面

外观部件检查合格的灭火器可用软布或压缩空气喷枪去除表面灰尘，若有污垢可用潮湿软布清洗，但不能使用有腐蚀性的化学溶剂清洗。

（4）检查涂层贴花

采用目测或主观感受等方法，检查灭火器外表涂层是否无龟裂、气泡、划痕、碰伤等缺陷；电镀件表面是否无气泡、明显划痕、碰伤等缺陷；贴花是否端正、平服、不缺边少字，无明显皱褶、气泡等缺陷。如发现问题，应及时修复或更换灭火器。

（5）检查组件连接

检查喷嘴、喷射软管组件、推车式喷枪等零部件的连接螺纹是否松动，若松动应使用专用工具旋紧。检查推车式灭火器筒体（或瓶体）与车架连接是否松动，若松动应使用专用工具加固。对车轮进行润滑，必要时加注润滑剂。

（6）检查保护措施

检查室外灭火器的防湿、防寒、防晒等保护措施，若保护构件有损坏，应及时维修或更换。检查在可能超出灭火器使用温度范围场所以及特殊场所中的灭火器保护措施，若保护构件已损坏，应及时修复，或按原设计要求进行更换。

（7）检查取用便捷性

检查灭火器、灭火器箱、固定挂钩、固定挂架和落地托架周围是否存在影响取用灭火器的障碍物和锁具等，若存在应立即清除。

（8）安装放回灭火器

将完成清洁和处理完毕的灭火器按照设计安装设置和方式安装放回，并将灭火器的铭牌朝外。

（9）维修更换补充

当发现灭火器存在缺陷被送修造成灭火器空缺的情况时，应及时在原位置更换、补充完好灭火器。

（10）登记检查情况

在相关记录表上准确填写检查情况和检查结论，做好档案备查。

2. 灭火器箱的检查保养

（1）清洁箱体内外

取出箱内灭火器，用吸尘器清除箱内灰尘，用软布将箱体表面擦洗干净。

（2）检查箱门启闭

根据灭火器箱门或翻盖的开启方式和开启闭合次数要求，检查其灵活性，必要时对转动部件进行润滑。使用专用量具对箱门和翻盖的开启角度进行检查。

（3）重新放回灭火器

打开灭火器箱，放回取出的手提式灭火器，灭火器提把方向应一致向右。

（4）维修更换补充

对于损坏不可修复的灭火器箱，按原类型型号要求进行更换补充。

（5）登记检查情况

在相关记录表上准确填写检查情况和检查结论，做好档案备查。

3. 挂钩、挂架的检查保养

（1）清洁表面灰尘

用软布或压缩空气喷枪除去挂钩或挂架表面上的灰尘，若有污垢可用潮湿软布清洗，但不能使用有腐蚀性的化学溶剂清洗。

（2）检查安装状态

检查挂钩、挂架的固定是否出现松动、脱落、断裂和明显变形，如出现应加固或重新安装固定。

（3）检查安装位置

检查挂钩、挂架的安装高度，应满足手提式灭火器顶部离地面距离不大于 1.50 m，底部离地面距离不小于 0.08 m 的规定。

（4）检查取用便利性

多次装卸灭火器，检查夹持装置是否能徒手便捷地取用设置在挂钩、挂架上的手提式灭火器。打开夹持装置的部件应采用灭火器的对比色，且应醒目易识别，打开的方法应从灭火器正面能够明显看出。当夹持装置打开时，灭火器不应掉落。若夹持装置失去作用，应及时按原型号更换。

（5）检查固定效果

若有当两具及两具以上的手提式灭火器相邻设置在挂钩、托架上时，应检查是否能够任意地单独取用其中一具。固定架的悬挂圈或夹持带的位置应适当，使灭火器置于安装架内时，操作说明应面朝外。

（6）维修更换补充

对于损坏不可修复的挂钩、挂架，按原类型型号要求进行更换、补充。

（7）登记检查情况

在相关记录表上准确填写检查情况和检查结论，做好档案备查。

4. 落地托架的检查保养

（1）清洁表面灰尘

用软布或压缩空气喷枪除去落地托架表面灰尘，若有污垢可用潮湿软布清洗，但不能使用有腐蚀性的化学溶剂清洗。

（2）维修更换补充

若托架缺失或损坏，按原类型型号要求进行更换、补充。

（3）登记检查情况

按要求填写相关记录表。